中学受験

算数の戦略的学習法
難関中学編

熊野孝哉

まえがき

はじめまして、中学受験算数専門・プロ家庭教師の熊野孝哉です。2007年に初めて本を書かせていただいてから、本書は11冊目（改訂版を含めれば19冊目）の出版ということになります。

本書を書いている直近の入試（2016年2月入試）では、家庭教師で指導していた難関校受験生9名が全員、難関校へ進学することになりました（※1、2）。また、開成中学には2010年以降の7年間で、受験者9名中7名が合格しています。

※1…内訳は、筑駒、開成、桜蔭（2名）、女子学院、豊島岡、聖光（2名）、海城
※2…実績は「授業で難関校対策を7ヶ月以上実施」「受験直前（1月末）まで受講」等の条件を満たす生徒のみが対象

集団指導の場合、最難関校に通算で数百名の合格者を出している先生もおられます。ただ、多くの生徒を抱えられないという個別指導（家庭教師）の性質を考えれば、結果を出せている方ではないかと思います。

本書は「難関中学編」ということで、算数の学習法を中心に難関校対策を1冊にまとめています。まずは単独のテーマとして「塾

まえがき

選び」「先取り」「塾課題と自主課題」、次に算数の学習法を時期別に書き（算数から外れる内容も一部ありますが）、最後に「その他」として過去の執筆記事（メールマガジン等）を中心に掲載しました。

　本書の内容の大半は数年前に既に固まっていたもので、もう少し早く公開することも可能でした。しかしそれをしなかったのは、まだそのタイミングではないと感じていたからです。

　実績がない時点で書けないのは当然ですが、例えば開成の通算合格者が2名の時点で「開成に合格する秘訣」を語ったところで、再現性に疑問があります。「秘訣」だと思っている内容が「仮説」に過ぎず、次の受験生では失敗するかもしれません。

　2016年度入試の結果次第では、本書の出版を見送る可能性もありました。ただ、高い確率で良い結果が出るという感触はあったので、エール出版社さんには事前に許可をいただき、入試直後には出版に向けて動けるように準備を進めていました。

　　　　　　＊　　　　　　＊　　　　　　＊

　本書では、難関校受験生にとって有益だと思える内容はできるだけ正直に書くということを意識しました。「こういうことを書くと批判されるかな」と思って書くことを迷った内容も多く書い

ています。

　1章では公文式を肯定的に書いていますが、公文式と聞いただけで過剰に反応する「アンチ公文式」の人も多いことを考えれば、本当は触れない方が安全かもしれません。

　同じく1章で「成果が出ない場合、才能、努力、方法、環境のいずれかに原因がある」と書いていますが、これも（前後の文脈を無視して、この箇所だけを取り出せば）曲解される恐れがあります。

　6章では、目的が曖昧な勉強を「趣味の勉強」と表現したり、7章では、追い込み型の受験生は（最難関校入試では）「追いつけない」といったことを書いていますが、これも批判する人はいると思います。

　ただ、批判を避けるために内容や表現を選び、慎重になりすぎると、結局は何を言いたいのかが分からなくなってしまいます。

　内容や表現に気に入らない箇所があるかもしれませんが、そういう事情もあるということをご理解いただけましたら幸いです。

　　　　　＊　　　　　　　＊　　　　　　　＊

　本書は難関中学編ということもあり、中学受験の基礎知識があるという前提で、説明を省略している箇所も多々あります。そのため、全体的に読み辛いという印象を持たれるかもしれません。

　8章では過去の執筆記事を多く掲載していますが、既に読んだことがあるため「無駄だ」と思われる方もいると思います。ただ一方で、過去の執筆記事から特に必要なものを集約してほしいという要望もあります。

　私の実感ですが、過去の執筆記事を大体読んだことがある（または本書を読んだ後に読む）という方は、読者の2割程度だと思います。本書で掲載するか迷ったのですが、多くの読者（特に時間的に余裕がない方）にとってはプラスになるのでないかという判断で、最終的には掲載することにしました。

　本書は万人受けする性質のものではありませんが、少数であっても深く気に入っていただける方がいれば幸いです。

2016年3月

　　　　　　　　　　　　　　　　　　　　熊 野 孝 哉

まえがき••• 2

1章： ▶▶▶ 塾選び

1-1：中学受験では塾の利用が前提になる•••••••••••••••• 12

1-2：公文式と中学受験••••••••••••••••••••••••••••• 14

1-3：入塾前に身につけるべきこと•••••••••••••••••••• 16

1-4：難関校受験のための塾選び•••••••••••••••••••••• 18

1-5：転塾をする場合の注意点•••••••••••••••••••••••• 20

2章： ▶▶▶ 先取り

2-1：まずは「先取り」から•••••••••••••••••••••••••• 24

2-2：先取りと予習の違い•••••••••••••••••••••••••••• 26

2-3：先取りの教材は「予習シリーズ」が無難••••••••••• 28

2-4：先取りの目的は最低限の基礎固め•••••••••••••••• 30

2-5：先取りの期限をはっきりさせる•••••••••••••••••• 32

2-6：先取りの状況で難関校への適性が見える••••••••••• 34

3章： ▶▶▶ 塾課題と自主課題

3-1：時間についての状況を整理する•••••••••••••••••• 38

3-2：塾課題と自主課題の比率を決める•••••••••••••••• 40

3-3：塾課題の制限時間と優先順位を決める••••••••••••• 42

3-4：効率化の鍵は「割り切る」こと•••••••••••••••••• 44

3-5：自主課題の目的は塾課題の不足を補うこと・・・・・・・・・・ 46

3-6：自主課題の時間を「天引き」する・・・・・・・・・・・・・・・・・ 48

3-7：自主課題の進捗状況を数値化する・・・・・・・・・・・・・・・・ 50

3-8：自主課題の成果は中長期的に判断する・・・・・・・・・・・・・ 52

3-9：自主課題の内容は随時、修正する・・・・・・・・・・・・・・・・ 54

4章： ▶▶▶ 算数の学習法1（5年前期）

4-1：計算力がなければ本題に集中できない・・・・・・・・・・・・・ 58

4-2：基本問題は反射的に解けるまで反復する・・・・・・・・・・・ 60

4-3：基本問題の完成度は標準問題に影響する・・・・・・・・・・・ 62

4-4：明らかに解ける問題はカットする・・・・・・・・・・・・・・・・ 64

4-5：効率化すれば最終的な演習量が増える・・・・・・・・・・・・ 66

5章： ▶▶▶ 算数の学習法2（5年後期）

5-1：一昔前の応用問題が標準問題になる・・・・・・・・・・・・・・ 70

5-2：流行問題の後追いは限界がある・・・・・・・・・・・・・・・・・ 72

5-3：算数の骨格を作る教材・・・・・・・・・・・・・・・・・・・・・・・・ 75

5-4：純粋な思考力勝負は苦しい・・・・・・・・・・・・・・・・・・・・・ 78

5-5：一定レベルの思考力は必要・・・・・・・・・・・・・・・・・・・・・ 81

5-6：勝負所を見極める・・・・・・・・・・・・・・・・・・・・・・・・・・・・ 84

5-7：模試のミス率が5％以下なら影響しない・・・・・・・・・・・ 86

5-8：後手の対策はハンディキャップになる・・・・・・・・・・・・・ 88

6章： ▶▶▶ 算数の学習法３（６年前期）

6-1：「趣味の勉強」ではなく受験勉強をする ・・・・・・・・・・・・・ 92

6-2：最終的には経験値が決め手になる ・・・・・・・・・・・・・・・・・ 94

6-3：上位層から下降する受験生の特徴 ・・・・・・・・・・・・・・・・・ 97

6-4：良質な解法は応用からの逆算になっている ・・・・・・・・・・ 100

6-5：解説が理解できない問題は深追いしない ・・・・・・・・・・・・ 102

6-6：時間度外視の学習には再現性がない ・・・・・・・・・・・・・・・ 104

6-7：古い過去問は早めに解いてよい ・・・・・・・・・・・・・・・・・・ 108

6-8：早めに「本番」を経験して目線を高くする ・・・・・・・・・・ 110

6-9：独自の解法は伝え方に注意する ・・・・・・・・・・・・・・・・・・ 112

7章： ▶▶▶ 算数の学習法４（６年後期）

7-1：普通の模試の優先順位を下げる ・・・・・・・・・・・・・・・・・・ 116

7-2：学校別模試は必ず受ける ・・・・・・・・・・・・・・・・・・・・・・・ 118

7-3：「不合格可能性」を意識する ・・・・・・・・・・・・・・・・・・・・・ 120

7-4：上位層ほど最後に加速する ・・・・・・・・・・・・・・・・・・・・・ 122

7-5：純粋な実力以上に得点力を意識する ・・・・・・・・・・・・・・・ 126

7-6：「捨て問」を作ることも必要 ・・・・・・・・・・・・・・・・・・・・・ 128

7-7：解いた過去問の活用法 ・・・・・・・・・・・・・・・・・・・・・・・・・ 131

7-8：練習校を受験することの意味 ・・・・・・・・・・・・・・・・・・・・ 134

もくじ

8章： ▶▶ その他（過去の執筆記事など）

8-1：「ミス」には4種類ある・・・・・・・・・・・・・・・・・・・・・・・・・・・138
8-2：「課題の2割カット」で得られる効果・・・・・・・・・・・・・・・142
8-3：「正答率別状況」による分析・・・・・・・・・・・・・・・・・・・・・144
8-4：リズムを意識する・・・・・・・・・・・・・・・・・・・・・・・・・・・・・・147
8-5：リミットが早まっている・・・・・・・・・・・・・・・・・・・・・・・・・150
8-6：安全なA判定と危険なA判定・・・・・・・・・・・・・・・・・・・・・152
8-7：一時的に成績が下がる理由・・・・・・・・・・・・・・・・・・・・・・155
8-8：教材を「潤滑油」として使用する・・・・・・・・・・・・・・・・・158
8-9：合格者平均点＝満点と考える・・・・・・・・・・・・・・・・・・・・160
8-10：算数の学習効率を上げる方法（前編）・・・・・・・・・・・・・162
8-11：算数の学習効率を上げる方法（後編）・・・・・・・・・・・・・165
8-12：直前期は「広く浅く」を意識する・・・・・・・・・・・・・・・・168
8-13：入試本番での目標設定・・・・・・・・・・・・・・・・・・・・・・・・・170
8-14：入試問題との相性について・・・・・・・・・・・・・・・・・・・・・173
8-15：偏差値と正答率の対応・・・・・・・・・・・・・・・・・・・・・・・・・176
8-16：数値を正しく扱う・・・・・・・・・・・・・・・・・・・・・・・・・・・・・178

1 章

塾選び

1-1：中学受験では塾の利用が前提になる

　この章では「塾選び」について書きますが、そもそも「塾に通わなければいけないのか」という疑問を持つ方がおられるかもしれません。特に親御さん自身が大学受験で成功した経験がある場合、塾に依存するような状況に抵抗を持たれることがあります。

　大学受験では塾や予備校を利用せずに成功する例が多々あります。その中には中高一貫校に通っていることで実質的には塾や予備校と遜色ない環境を得ている受験生も多いのですが、そういう環境がなくても難関大学に合格する受験生は少なくありません。

　一方、中学受験で塾（個別指導ではなく集団授業）を利用しないという受験生はかなりの少数派です。特に難関校受験の場合、塾に通わずに挑戦したとして、実際に（レベルの落ちる併願校ではなく、その難関校への合格を成功と考えるとすれば）成功できる確率はかなり低くなります。「塾に通わずに開成を目指す」というのは夢がありますが、現実的ではありません。

　大学受験と中学受験で違いが出る原因は、情報量と年齢的なものにあると思います。大学受験では学習法に関するノウハウや各科目の教材が（塾や予備校に頼らなくても）市販のものでかなり入手できますが、中学受験ではそれが難しいというのが実情です。

また高校3年生であれば自分で学習方針・学習法を設計できる受験生が少なくないのですが、小学6年生でそれが出来る受験生はかなり限られています。

中学受験の塾に通うことで、中学に入学してから学校生活に馴染みやすくなるという利点もあります。中学受験の塾には良い意味でも悪い意味でも独特の空気があり、その空気は（進学する中学にもよりますが）中学に入学してからも引き継がれます。実際、塾に通っていない生徒さん（個別指導、家庭教師のみという方も含めて）に接すると、塾に通っている生徒さんとの違いを感じることが多々あります。そして、そのままの状態で中学に入学した場合、学校生活で色々と支障が出てしまうのではないかと心配になることもあります。

地理的な事情（遠くて通えない）や経済的な事情で塾の利用が難しいのであれば仕方ないのですが、そうでないのであれば、わざわざ塾を利用しないで中学受験に挑戦することはお奨めしません。中学受験では塾の利用を前提に考える必要があります。

1−2：公文式と中学受験

　中学受験生の保護者の方から、公文式について質問されることがあります。例えば、公文式を続けてきた方からは「公文式の経験は中学受験で有利になりますか」、低学年の方からは「今の内に公文式をやっておいた方が良いですか」といった感じです。

　身も蓋もない言い方をすれば、公文式が中学受験に役立つかどうかは、その子次第ではあります。実際、公文式経験者で難関校に合格する例が多くある一方で、公文式を長く続けていたけれど、中学受験で成績が低迷している例もあります。

　ただ、難関校への適性が高い子ほど、公文式の経験が生かされやすいという傾向はあります。私が過去に見てきた家庭教師の生徒さんでは、開成、筑駒といった最難関校合格者の７割くらいが公文式経験者でしたが、彼らに共通していたのは、問題を解く時の処理が速いこと、安定して問題量をこなすための基礎体力があることの２点です。そして、その性質の一部は公文式の経験を通じて得た、習慣的なものではないかと思います。

　もちろん、公文式の経験がなくてもそういった性質を持ち、最難関校に合格した受験生もいます。要はその性質を何らかの訓練によって得ることが必要で、その１つの手段として公文式がある

という認識が正しいのかもしれません。

　一方で、公文式を長く続けていながら、それが中学受験で生かされない受験生は、計算そのものが苦手というわけではないのですが、処理速度、基礎体力といった性質は身についていない傾向があります。その結果、中学受験の内容で、純粋な計算問題は解けるけれど、算数全体としては伸び悩むということになります。

　冒頭の相談例については、公文式の本質を「計算技術・解法の習得」だけではなく「処理速度、基礎体力を得るための訓練」と見ることが、正しい判断につながるのではないかと思います。

1－3：入塾前に身につけるべきこと

　入塾前に処理速度と基礎体力を習得しておけば中学受験で有利になりますが、それらの性質は中学受験に直接的に役立つというより、間接的に役立つというのが正確なところです。

　保護者の中には、御自身が中学受験経験者で「こうすれば上手くいく」という持論がある方もおられます。ただ、注意しなければならないのは、当時と現在では中学受験で要求される能力の質が変わっていて、そのノウハウが通用しなかったり、逆効果になる可能性もあるということです。

　1980年代の中学受験では、6年生から受験勉強を始めて最難関校に合格するという例も少なくありませんでした。一方で、現在の中学受験ではそういった例がほとんどなく、5年生からでも例外的な場合(事前に自宅学習等で十分な土台を作っていたなど)を除いて、かなり難しくなっています。

　以前、「プレジデントファミリー」の記事でも書いたことがありますが、当時の算数の入試問題では、限られた知識を応用させる思考力や、初見の問題に対応できる発想力が要求される傾向がありました。そのため、突出した才能があれば、少しくらい受験勉強の期間が短くても、その才能で（力づくで）最難関校入試を

突破することも可能でした。

　しかし、現在の算数の入試問題には「知らなければ解けない（あるいは、解けても極端に時間がかかる）」ものが多く、たとえ学校側が思考力や発想力を要求していたとしても、現実的には知識量と処理能力が決め手になってしまうことが多々あります。さらに、知識量と処理能力が十分にあるという前提で、突出した思考力や発想力があれば、難関校入試の算数で貯金を作る（合格者平均点を超える）ことが可能になります。

　少し話がそれましたが、その知識量で抜きん出るためには、限られた時間で他の難関校受験生よりも多くの課題をこなしていくことが必要です。そして、そのために必要なのが、高いレベルの処理速度と基礎体力ということになります。

　処理速度と基礎体力を身につける方法の1つとして、前項では公文式について触れましたが、他にもいろいろな方法が存在します。ただ、どのような方法を選択するにしても、将来的に難関校入試で成功する確率を上げるためには、早い段階で何らかの訓練はしておいた方が良いでしょう。

1－4：難関校受験のための塾選び

　難関校受験生が塾を選ぶ際に最も重視する必要があるのは、そこが「上位生の集まる環境になっている」ということです。その塾に通った場合、同じ授業をレベルの高い生徒に囲まれて受けられるかどうかということですが、目安になるのは前年度（または直近数年間）の合格実績です。

　合格実績と言うと、首都圏ならサピックス、関西なら浜学園といった塾を想像されるかもしれません。ただ、小規模でも毎年のように難関校に合格者を出している塾もあれば、大手塾全体として圧倒的な合格実績を出していても、教室単位で見れば十分な実績を出していないこともあります。

　元々の能力が高い受験生は、難関校に拘らなければ（志望校のレベルを下げれば）塾に通わなくて済むかもしれません。しかし、周りにレベルの高い生徒がいる環境で授業を受け続けることには、自宅学習等では得られない刺激があります。月並みな表現をすれば「ライバルの存在」といった感じになりますが、簡単に勝てない相手が身近に存在することは、特に難関校受験においては計り知れない効果があります。

　次に重視する必要があるのは、指導システム（教材等を含む）の完成度です。ただ、これに関しては受験生の側である程度は調整できる（自主学習で補う、不要な内容をカットするなど）とい

う意味で、生徒層の問題に比べれば何とかなるという面はあります。塾による優劣もあり、個人的にお付き合いのある方には話していますが、ここで具体例を挙げることは（色々と支障がありますので）控えたいと思います。

意外に盲点になるのは、拘束の度合いです。一般的に、自宅で集中して学習するのが難しい受験生ほど、拘束日数が多かったり、面倒見の良い（課題の提出義務がある等）方が合っています。逆に難関校受験生にとっては、拘束日数が少なく、面倒見の悪い方が合っていることが多いです。

特に6年前期は、大手塾でも通塾日が週3日の塾もあれば、週5日の塾もあります。自宅学習に使える日は、前者は週4日、後者は週2日ということになりますが、例えば算数で「中学への算数」に取り組んでみようとなった場合に、後者の塾だと時間の確保が難しくなるかもしれません。

生徒層、システム、拘束というポイントを挙げましたが、例えば上位生が多く集まり、指導システムが十分に完成している塾であれば、自主学習を行わなくても塾のみの学習で完結しますので、拘束日数が多くても問題ないということもあります。また、指導システムに少し問題があっても、拘束日数が少なければ、自主学習を重点的に行うことでカバーできるということもあります。いずれにしても総合的に判断していく必要があります。

1－5：転塾をする場合の注意点

　塾に通い始めたものの、様々な理由により途中で転塾する受験生も少なくありません。難関校受験生に限って言えば、より高いレベルの塾を求めて転塾する場合と、相性等の理由で大手塾から小規模塾に転塾する場合が多いのではないでしょうか。もともと通っていた塾で成果が出ていた受験生には前者の理由が多く、成果が出ていなかった（伸び悩んでいた）受験生には後者の理由が多いと感じます。

　転塾をするということは現状よりも良い環境を求めているわけですが、リスクがあることも十分に理解しておく必要があります。転塾によって得られるものと失ってしまうもののバランスを十分に考慮した上で、それでも転塾する価値があると判断した場合にのみ、転塾という決断をするべきです。

　高いレベルの塾を求めて転塾する場合、注意すべきなのは「カリキュラムの違いによる穴を作らない」ということです。高いレベルの塾は各科目の進度も速いため、多くの場合、習うことのできなかった単元（穴）が出来てしまいます。転塾の際に各科目の穴を把握して、少しずつ自主学習で埋めていければいいのですが、埋めきれずに放置されてしまったり、穴の存在に気づかないままになってしまうことがあります。このタイプの転塾は理由も前向

きであり、早い時期（5年生夏休み以前）であれば成功率も高いのですが、カリキュラムの違いには十分に注意しておく必要があります。

　相性等の理由で転塾する場合、注意すべきなのは「上手く行かなかった原因を正確に分析する」ということです。転塾するということは、多かれ少なかれ、上手く行かなかった原因を塾に求めているわけですが、そこを曖昧にしたまま別の塾に移っても、結局は同じような結果になることが少なくありません。

　成果が出ない場合、才能、努力、方法、環境のいずれかに原因があります。例えば、塾の指導が不十分でも、実はそれが自主学習で補えるのだとすれば、環境と方法に原因があることになります。また、どうしてもモチベーションが上がらないのだとすれば、努力、または努力と環境に原因があるのかもしれません。いずれにしても転塾して環境が改善しても、別の原因が改善されないままだと、結局は状況が変わらない可能性があります。

2 章

先取り

2−1：まずは「先取り」から

　学習効率を上げるためには予習と復習のどちらを優先した方がいいのか、あるいは両方をバランスよく行うべきか、いろいろな考え方がありますが、中学受験では復習重視の考え方が主流です。実際、一部の受験生を除いて、大多数の中学受験生は家庭学習の大半を復習に費やしています。

　その原因は、ほとんどの塾が復習重視の指示を出していることです。予習をする時間があるのなら復習に力を入れるように指示を出す塾もあれば、予習そのものを禁止している塾もあります。「予習よりも復習を優先するべき」という空気があり、多くの中学受験生は「予習をする」という発想さえ持っていないというのが実情です。

　復習重視の方法は、確実に一定以上の成果を上げるという目的には適しています。また成績的に苦しく余力のない受験生にとっては、予習まで手が回らないというのが正直なところです。一方で難関校受験生ほど予習を行い、成績上位生になるほど大幅な予習（先取り学習）を行うという傾向もあります。

　大学受験では、既に先取り学習の効果は十分すぎるほど証明されています。多くの中高一貫校では高校2年までに高校3年範囲の学習を一通り終えることで、難関大学入試で高い現役合格率を達成しています。中学受験では、大学受験におけるほど堂々と／

ウハウとして公開されていませんが、一部の受験生は先取り学習を行うことで圧倒的な成果をあげています。

　先取り学習の最大の利点は、応用問題の演習に多くの時間をかけられることです。難関校受験の成否を分ける要因は、ほぼここにあると言っていいかもしれません。大学受験の例でいえば、一般的な受験生が高校3年で新しい内容（高校3年範囲）を習いつつ、並行して受験対策の内容（高校全範囲の応用）を行っているのに対して、中高一貫校の生徒は高校3年の1年間を受験対策の内容に専念することができます。その結果、応用問題の経験値に圧倒的な差がつき、難関大学入試の結果に直結しています。

　中学受験でも、塾による進度の差に加えて、個人レベルで先取りを進める難関校受験生が増えていることで、勝負をする以前に圧倒的な格差が生まれています。例えば算数の難問集の定番である「中学への算数」（月刊誌）を1冊も行わない受験生もいれば、（バックナンバーを含めて）数年分を行う受験生もいます。実際、私が過去に関わった最難関校（開成、筑駒など）合格者は全員が後者で、1人の例外もありません。

　難関校対策について様々な経験談や方法論が語られていますが、先取り学習は最も有効な方法の1つです。難関校を目指すのであれば、まずは先取り学習を試してみることをお奨めします。

2−2：先取りと予習の違い

　一般的に「予習」という言葉は浸透していますが、「先取り」と言われるとイメージしづらいかもしれません。「先取り学習がいい」と聞くと「予習すればいいのか」と解釈する方も多いと思いますが、少し意味が違ってしまいます。「先取り」は「予習」と何が違うのでしょうか。

　大学受験の例で言えば、学校の翌日の授業範囲を大雑把に学習しておくことは「予習」ですが、高校２年までに高校３年範囲を学習することは「先取り」ということになります。未習範囲を事前に学習するという意味ではどちらも「予習」ですが、数ヶ月〜１年分を前倒しで学習するような極端な予習は「先取り」ということになります。中学受験でも、塾の次回の授業範囲を学習することは「予習」、大幅に前倒しで学習することは「先取り」という感じになります。

　方法さえ間違えなければ、予習はすべての受験生にとって有効な手段です。予習の目的は「授業を理解しやすくする」ことにありますが、これは成績状況に関係なく達成することができます。例えば塾の授業に全然ついていけないという場合、事前に授業内容を軽く学習して「取っ掛かり」を作っておけば、予習をしない場合に比べて確実に授業内容が理解しやすくなります。

一方で先取りの目的は「受験勉強全体の効率化」です。先取りを破綻なく進められれば「塾の授業・課題が復習の役割を果たす→塾の課題にかかる時間が短縮されて余剰時間が生まれる→その時間をさらに先取りに充てられる」というサイクルが生まれます。そして、この「常に先行投資を繰り返す」というサイクルが加速されれば、他の受験生に対して圧倒的な格差を作ることができます。

ただ注意すべきなのは、先取りは万人向けの方法ではないということです。例えば塾の授業についていけていない状態で先取りに取り組んでも、言い方は悪いのですが空回りするだけで成果は出ないでしょう。まずは習慣的に予習を行って塾の授業を余力をもって理解できるようになり、基礎体力がついたところで予習の範囲を（数回分先の範囲など）少しずつ広げていき、それでも余力が生まれれば本格的な先取りに取り組む……というような段階を踏むのが現実的です。

2−3：先取りの教材は「予習シリーズ」が無難

　先取りをする場合、具体的に何を行えばいいのか（どの教材を使用すればいいのか）で悩む方も多いです。通っている塾の過去の教材をオークションで大量に入手して取り組んでいる方もいれば、市販教材や通信教材を利用している方もいますが、個人的には四谷大塚の塾教材である「予習シリーズ」がお奨めです。

　予習シリーズの利点は、全体の構成や個別の内容（問題、解説）に偏りや癖が少なく、安心して使用できることです。例題が少し難しく、算数の苦手な受験生には（特に未習範囲は）取り組みづらいという難点はありますが、逆に言えば「上級者向けの教科書」という感じで、難関校受験生が先取り学習の目的で使用するには適した教材です。

　四谷大塚のカリキュラムは改訂されることがあり、それに合わせて予習シリーズの構成も変わります。現在（2016年）の版では4年上下、5年上下の4冊を使用すれば、ほとんどの範囲を網羅できますが、数年後には変わっている可能性もあります。

　取り組み方ですが、大雑把に言えば「応用をカットして基本のみを行う」という感じになります。具体的には、とりあえず例題は必修例題のみを行い（応用例題は飛ばす）、演習問題は基本問

題のみを行う（練習問題は飛ばす）のが良いでしょう。総合回もカットします。また、各回について基本問題の7、8割程度が解ける状態になれば、それ以上は深追いせずに終了して構いません。

　先取りに使用する教材として、予習シリーズよりも適したものがないわけではありません。ただ、塾生のみにしか販売しないため入手することが難しかったり、入手できるけれど少し高額だったりして、お奨めしづらいというのが正直なところです。その点、予習シリーズは4冊で合計1万円以内で購入可能（2016年現在）であり、市販に近い形なので確実に入手することができます。いろいろな意味で失敗する可能性が低いという点で、予習シリーズは無難な先取り教材だと思います。

2−4：先取りの目的は最低限の基礎固め

　予習シリーズの必修例題と基本問題を行う（応用例題と練習問題は飛ばす）と書きましたが、決して応用例題と練習問題は必要がないということではありません。むしろ入試本番の対策という意味では、必修例題や基本問題よりもはるかに重要です。

　私が生徒と親御さんに「必修例題と基本問題だけを進めてください」と言うと、本当は応用例題と練習問題も行った方が良いのではないかと相談されることもあります。それは当然のことで、もし私が生徒や親御さんの立場であっても、おそらく同じような疑問や不安を持ってしまうと思います。

　ただ、忘れてはいけないのは、当面の目的が「最低限の基礎固め」であり、その目的のために予習シリーズを使用しているということです。結果的に応用例題と練習問題を行う場合でも、行うべき時期は今ではありません。算数の全範囲について最低限の基礎固めが終わり、次の（1段階上の）ステージに入った時、必要に応じて行えば良いでしょう。

　必修例題と基本問題に絞る最大の理由は、応用例題と練習問題も行う方法だと、挫折する確率が大きく上がってしまうからです。最初の内はモチベーションも高く、学習内容もそれほど難しくな

いので、スムーズに進められることも多いでしょう。しかし、後になるほど内容が難しくなり、モチベーションも下がってしまうことで、ペースが少しずつ落ちていき、途中で完全に進まなくなるという失敗例も少なくありません。

　これは、ジョギングでの失敗例に似ているかもしれません。今まで運動をしていなかった人が、一念発起して毎日30分走るという計画を立てても、成功率はかなり低くなります。最終的にはフルマラソンを走ることが目標だとして、まずは目的を「最低限の基礎体力作り」に絞る方が、結果的には成功率が上がるでしょう。

2−5：先取りの期限をはっきりさせる

　先取り学習を進める際に期限をはっきりさせておくことも必要です。極端な話、先取りをのんびり進めていれば塾の進度に追い付かれて、そもそも「先取り」ではなくなってしまいます。そこまで行かなくても、先取り学習のペースが遅れれば遅れるほど効果は薄れてしまいます。

　開始時期にもよりますが、予習シリーズの4冊（4年上下、5年上下）で6ヶ月というのが1つの目安になります。期間の配分は、4年上下（2冊）で合計1ヶ月、5年上を2ヶ月、5年下を3ヶ月という感じになります。

　先取りの期限に関する失敗で典型的なのは、期限を設定しない、期限を守れない、期限の設定が適切でない、の3つです。前の2つは意識の問題ですが、最後の1つはノウハウの問題です。

　期限を設定しないというのは、要は無計画で進めるということですが、やはり成功率は低くなります。先取り学習は「半年〜1年先を見据えた先行投資」で、成功した場合に得られる成果は大きいのですが、一方で緊急性は低く、おろそかにしても（直近の成績等への）影響がないという面もあります。そういう意味で普通の学習よりも動機付けが難しいのですが、期限を設定しないこ

とで、その動機付けはさらに難しくなってしまいます。

　期限を守れないというのは、例えば学校行事が重なったり、体調を崩したり、塾の宿題が多くて時間がなくなった等の理由で、計画通り進まなくなるというようなことです。このタイプの受験生は、保護者も同調して（期限を守れないことを）許可してしまう傾向がありますが、先取り学習が終わった後も課題が進まないことが多く、将来的に伸び悩む可能性が高いです。

　期限の設定が適切でないというのは、例えば予習シリーズの４冊を６ヶ月で行う場合に、単純に１冊を１ヶ月半という計画を立ててしまうようなことです。５年下を１ヶ月半で終えられる能力があれば、４年上は２、３日あれば終えられます。逆に４年上で１ヶ月半かかるのであれば、数ヶ月後に５年下に取り組むこと自体が難しいでしょう。

2－6：先取りの状況で難関校への適性が見える

　先取り学習の隠れた目的は、難関校への適性を確認することです。先取り学習の進度と理解度を見れば、将来的に難関校を狙えるかどうかが予測できます。

　進度については、例えば新5年生2月から予習シリーズを使用して先取りを行う場合、4冊（4年上下、5年上下）を終えるのに要した期間を（1）3ヶ月未満、（2）3ヶ月以上6ヶ月未満、（3）6ヶ月以上9ヶ月未満、（4）9ヶ月以上12ヶ月未満と分類します。（12ヶ月以上かかる場合は、先取りそのものを中止します。）

　理解度については、私は指導している生徒さんに確認テストを実施しますが、その得点によって、◎（80点以上）、○（60点以上79点以下）、△（40点以上59点以下）、×（39点以下）と分類します。

　自宅で診断する場合の目安としては、必修例題、類題、基本問題から無作為に抽出した問題を各回から数問ずつ行い、ほとんど反射的に解ければ◎、解ける問題が多いけれど解けない問題も少しあれば○、解ける問題と解けない問題が半々くらいであれば△、解けない問題の方が多ければ×、という感じになります。

そして進度と理解度の組み合わせによって、将来的な可能性を大雑把に予測します。それをまとめたのが次の表です。

	3ヶ月未満	3ヶ月以上 6ヶ月未満	6ヶ月以上 9ヶ月未満	9ヶ月以上 12ヶ月未満
◎（80点以上）	A＋	A−	B＋	B−
○（60〜79点）	A−	B＋	B−	C＋
△（40〜59点）	B＋	B−	C＋	C−
×（39点以下）	B−	C＋	C−	D＋

表の中にある記号は、将来的に狙える受験校のレベルを表しています。例えば、A＋は筑駒、灘、開成、A−は桜蔭、聖光学院、渋幕、駒場東邦といった学校です。もちろん同じ進度・理解度でも、開始時期によって事情は変わりますので、考慮する必要があります。

この表はあくまで目安ですので、1段階の差（A＋に対してA−など）であれば十分に可能性はありますが、2段階の差（A＋に対してB＋など）になると厳しいと思います。

例えば開成志望の受験生が新5年生から開始して、6ヶ月経過しても終わる見通しが立たないとすれば、才能、努力（意識）、環境のいずれか（または2つ以上）に原因があるはずです。

理解度は、必ずしも現時点の偏差値とは一致しません。実際の例として、サピックスで偏差値50の受験生がA－になることもあれば、偏差値65の受験生がC＋になることもあります。

　先取り学習の状況は、最終的な到達点を予測するための判断材料になります。特に難関校を目指す受験生は、適性を確認する意味で早い時期に取り組んでみる価値があります。

3 章

塾課題と自主課題

3－1：時間についての状況を整理する

　時間を正しく（効率的に）使うためには、まず時間についての状況を整理する必要があります。そのために把握しておかなければならないのは「1週間で（自宅学習に）使える時間の総量」「各課題の所要時間」の2点です。

（1）1週間で（自宅学習に）使える時間の総量

　1週間は168時間ありますが、実際に自宅学習に使える時間は想像以上に少ないものです。単純に「空いている時間」であれば調べれば分かりますが、「使える時間」となると実際に試行錯誤をして検証しなければ分かりません。

　「空いている時間＝使える時間」とならない理由は、現実的には「余白の時間」が必要になるからです。中には「余白時間は必要ない」（食事、入浴、トイレ等以外の時間はすべて勉強に充てられる）という受験生がいるかもしれませんが、入試直前期でもなければ、それを長期間続けることは現実的ではありません。

　さらに難しいのは、必要な余白時間には個人差があるということです。余白時間は少なすぎても多すぎても、学習効果は落ちてしまいます。最適な余白時間を知るには、ある程度の試行錯誤が必要になります。

（2）各課題の所要時間

　難関校受験生でも、各課題の所要時間を意識していなかったり、意識していても正確でないことが多いものです。例えば「塾の算数の授業1回分の復習時間」を聞かれても、大半の人は正確には即答できません。学習を計画通りに遂行するためにも、各課題の所要時間はある程度は正確に把握しておく必要があります。

　各課題の所要時間を把握するには、まず今までの学習法を変えずに1週間の学習結果（課題内容と所要時間）を記録してみます。実際に記録をとってみると、所要時間が思ったよりも長かったということが多々あります。例えば「1時間で終わる」と思っていた課題が、実際は1時間半かかっていたという感じです。

　最初の1週間でデータをとり、改善できることがあれば翌週の学習に反映させて再びデータをとります。これを2、3週間ほど繰り返せば、各課題の所要時間を確定できます。

　（1）（2）は、実は買い物をする際には普通に実践していることです。買い物では、使えるお金（予算）と各商品に要するお金（価格）を確認した上で、買い物の内容を決定します。そう考えれば、受験勉強において上記の2点を把握することは欠かせないと言えるかもしれません。

3−2：塾課題と自主課題の比率を決める

　私は塾から指定される課題（宿題）を「塾課題」、それ以外の課題（自主的に取り組む課題）を「自主課題」と呼んでいます。塾課題が比較的短期的な実力向上を目的としているのに対して、自主課題は中長期的な実力向上が目的となります。

　特に難関校受験生の場合、ライバルとなる受験生は塾課題を確実にこなしていることが多く、そこでは大きな差がつきにくいものです。他の難関校受験生に差をつけるためには、自主課題が大きな意味を持ってきます。

　ただ、自主課題に力を入れ過ぎることで、塾課題の扱いが雑になってしまっては元も子もありません。最も効果的な学習は、塾課題と自主課題をバランス良く組み合わせる（両立させる）ことで実現します。

　塾課題と自主課題の比率は、まず最初は「塾課題：自主課題＝10：0（塾課題のみ）」から始め、様子を見ながら9：1、8：2、…というように、少しずつ自主課題の比率を上げていくのが良いでしょう。

　私の経験上、難関校受験生の場合は7：3か6：4で最も効果

的な学習になることが多いのですが、8：2や5：5で成功している例もあります。

　最適な比率は、単純に実力や志望校のレベルだけでなく、確保できる学習時間の総量、性格的に割り切れるかどうか（自主課題の比率を上げて塾課題の完成度は下がることに、ストレスを感じるかどうか）といった様々な要素も絡んでくるため、一律に「7：3が良い」といった指示を出すのは難しいものです。

　最初に比率を決めてしまうのではなく、試行錯誤をしながら最適な比率を見つけていくことをお奨めします。

3−3：塾課題の制限時間と優先順位を決める

　前項で「自主課題の比率を上げていく」と書きましたが、実際にやってみると自主課題の時間を捻出するのは想像以上に難しいものです。

　大半の人は（塾課題を終えた後の）余った時間で自主課題に取り組もうとしますが、その方法での成功率は低いものです。例えば「月、水、金曜日に塾の宿題をした後、時間があったらこの問題集をしよう」と思っていても、実際には時間が余らなかったり、余っても短時間になる傾向があります。

　精神論になりますが「必ず自主課題をやる」という覚悟がなければ上手くいかないでしょうし、そのための具体的な方法も考えなければなりません。自主課題の時間を捻出するためには、塾課題の扱いが雑にならないように注意しつつ、塾課題にかかる時間を短縮していく必要があります。

　塾課題の質を維持しながら時間を短縮するためには、塾課題の制限時間と優先順位を決めることが有効です。

　制限時間については「最大〇分まで行い、それ以上は延長しない」というライン決めてしまいます。もし時間切れで中途半端な

状態になっても「時間内で終わらなかったのだから仕方ない」と割り切るようにします（注）。優先順位については、コストパフォーマンスの高さに応じて各課題を「◎、○、△」という感じでランク付けします。

制限時間と優先順位が決まったら、あとは優先順位に従って機械的に課題を行い、制限時間になったら終了するだけです。単純なことですが、こういったことを突き詰めて実践している受験生は少ないものです。

実際、塾の算数の復習を毎週3、4時間かけているという話を聞いて内容を確認すると、少し工夫をすれば1時間半で終えられるということが珍しくありません。逆にそれができるというのは、厳しい言い方をすれば「1時間半でできる内容を3、4時間かけていた」ということになります。

(注) 時間切れになった場合に「強制終了」することは、短期的にはマイナスになる（その学習内容が理解できないままに終わる等）可能性も高いのですが、長期的にはプラスになります。強制終了することで、次回以降の学習で「時間延長できない」という緊張感が生まれるからです。ただ万人向けの方法とは言い切れませんので、様子を見ながら実践してみると良いでしょう。

3－4：効率化の鍵は「割り切る」こと

「受験勉強を効率的に進めるためには、こうすればいい」と頭では分かっていても、思った通りに実践できないことの方が多いかもしれません。

難関校を目指すような真面目な受験生は、「やりきらない」ことに対して罪悪感を感じてしまう傾向があります。そもそも元がそういう真面目な性格だから、これまで地道に努力して難関校を目指せる状態になっているというのが実情かもしれません。

例えば「この塾課題（宿題）はカットしていい」「少し考えて分からなかったら解説を見ていい」と言われても、実際にカットしたり解説を見るとなると「やっぱりサボるのは良くないのではないか」と感じてしまうことがあります。

私はよく「良い意味で手抜きをしてもいい」という言い方をしますが、この「手抜き」という言葉にネガティブな印象を持たれることも少なくありません。

しかし受験、特に難関校受験で成功するには、その壁を乗り越えて「割り切る」ということも必要になります。罪悪感を感じて「割り切れない」受験生は、目的が「受験で成功すること」ではなく

「指示を守ること」になってしまっていることがあります。

　一方で「割り切れる」受験生は、最終的には受験で成功することが目的で、指示を守ることはそのための手段に過ぎないということを多かれ少なかれ理解しています。

　学習する内容のレベルが上がるほど、割り切れるかどうかで学習効率は大きく変わってきます。「割り切る」という言葉にネガティブな印象を持っているのであれば、その感覚を変えていく方がいいかもしれません。

3−5：自主課題の目的は塾課題の不足を補うこと

　自主課題は中長期的な実力向上を目指すもので、特に難関校受験生にとっては大きな意味を持ちます。ただ、期間という点ではそういう位置づけになりますが、自主課題を行うそもそもの目的は「塾課題の不足を補う」ということです。塾課題が受験生全員に対する共通の課題だとすれば、自主課題は個別の状況や目的に応じて計画に組み込む課題ということになります。

　例えば、ある受験生が塾課題のみで開成や桜蔭に 50％ の確率で合格できる実力がつくという場合に、自主課題を的確に行えば、その確率を 80％ に上げられるかもしれません。ただ、決して「合格率 0 ％の状態からでも、自主課題を頑張れば合格できる」ということではありません。

　当然のことに思えるかもしれませんが、この視点を欠いている受験生は意外に多いものです。まずは塾課題を十分に行って成果を得るという前提があり、その上で（不足を補う目的で）自主課題を的確に行えば、さらに大きな成果が得られるということです。

　先程の例（塾課題のみで合格率 50％ になる）では、塾課題に費やす時間を必要以上に減らせば消化率が下がり、塾課題から得られる合格率が 20％ になるかもしれません。その状態から自主

課題を頑張って合格率が 50% に上がったとしても、それなら塾課題だけを確実に行えばいいということになります。

　塾課題を闇雲に行うのではなく、コストパフォーマンスを意識することは大切です。ただ、無駄をなくすことを意識しすぎて、塾課題から得られる成果が極端に減るのであれば、結局は意味がなくなってしまいます。(注)

　何事においても目的を意識することは大切ですが、自主課題については「塾課題の不足を補う」という本来の目的を忘れないことが必要です。

(注) 前項で「割り切る」ことを書きましたが、割り切るというのは「成果を変えずに時間・労力を減らす」ということが前提になります。「労力・時間を減らして成果も減る」のであれば、客観的に見れば「割り切っている」ではなく「怠けている」ことになってしまします。

3−6：自主課題の時間を「天引き」する

　自主課題の時間を確保するためには、塾課題の制限時間と優先順位を決めて、塾課題にかかる時間を短縮するという方法が基本になります。大半の場合は、この方法で解決します。

　ただ、さらに強力な手段もあります。それは、自主課題の時間を最初に「天引き」するという方法です。

　実は、この「時間を天引きする」というのは、「レバレッジ」シリーズで有名な本田直之さんが著書で提唱されている方法で、ご存知の方も多いと思います。

　よく「お金が貯まらない」という人に対して、給料の一部を天引きして貯金することを奨めるアドバイスがありますが、それを時間管理に応用したのがこの方法です。

　前者（優先順位と制限時間の設定）が間接的な方法だとすれば、後者（天引き）は直接的な方法ということになります。後者の方法はリスクもありますが、自主課題の時間を強制的に確保することができます。

　例えば、その日の学習時間が３時間とれる場合、塾課題に２時間、自主課題に１時間という感じで配分を決めます。そして自主

課題を行う具体的な時間帯を時間割に組み込み、その時間帯は必ず自主課題のみを行うようにします。

最初は少しやりづらさやストレスを感じるかもしれませんが、慣れてくればそういった負担を感じることなく、安定して自主課題の時間を確保できるようになります。

さらに「だめ押し」として、自主課題をその日の学習の最初に行うという方法もあります。先に自主課題を行った後、残り時間で塾課題を行うという流れになります。

塾課題を先に行うと、制限時間内に十分に進まなければ「あと少しだけ延長しよう」と言って、結果的に自主課題の時間を削ってしまいがちです。

しかし自主課題を先に行うと、塾課題の時間は（睡眠時間を削るようなことをしなければ）延長できないので、嫌でも効率的な方法で集中して取り組まざるをえなくなります。

自主課題を順調に進められる受験生は、聞いてみると何らかの工夫をしていることが多いものです。天引きは一つの方法ですが、違う方法でも構いませんので色々と試してみると良いかもしれません。

3－7：自主課題の進捗状況を数値化する

　自主課題を進める際に、大半の受験生は「この問題集を２ヶ月で完成させる」という感じの大雑把な計画を立てているのではないでしょうか。

　期限を決めているという意味では良いのですが、さらに効率を上げるには、進捗状況を数値化することが有効です。

　数値化する目的は２つあります。一つは現状を正確に把握すること、もう一つはモチベーションの維持です。

　受験生の多くは進捗状況を感覚的に捉えてしまいがちですが、それは危険です。例えば「半分くらい完成したかな」と感じでいても、実際は３割くらいしか完成していないということが多々あるからです。

　感覚で捉えると、どうしても甘く見積もってしまう傾向があります。そして、それが続くと「こんなに頑張っているのに成績が上がらない」となってしまいます。

　もし２ヶ月で問題集を完成させるという計画があり、１ヶ月経過した時の進捗状況が30％だとしたら、その計画は実現できな

い可能性が高いでしょう。

　ただ、数値化によってその状況を早めに把握できれば、方法を修正するなど何らかの対策が可能になります。

　しかし、感覚的に「半分くらい完成したかな」と思っていると、2ヶ月目も1ヶ月目と同じ方法で進めて、後になって計画倒れの状況に気づくことになります。

　数値化は多くの場合、モチベーションを高めてくれるものです。中には負担に感じる受験生もいますが、特に難関校受験生は数値化することで達成感を感じ、励みになる傾向があります。

　数値化は、現状把握とモチベーション向上のためには効果的な方法です。今まで数値化を行っていなかった受験生は、これを機会に試してみると良いかもしれません。

3－8：自主課題の成果は中長期的に判断する

　何事も努力をしたことに対して、早く成果が出てほしいと思うのは自然なことです。中学受験勉強でも、ある程度はそういう意識で取り組んで構わないと思います。

　ただ自主課題については、あまり短期的な成果を求めない方が良いかもしれません。実際、自主課題は成果が出るまでに時間がかかるものです。

　塾課題の成果は、主に月1回程度の復習テストで表れます。範囲が限定されている上に、数値替え程度の類題も多く出題されるので、努力したことがダイレクトに反映される傾向があります。

　一方で自主課題の成果は、主に数ヶ月に1回程度の実力テストで表れます。範囲が限定されていない上に、基本的には類題が出題されるわけではないので、努力したことがダイレクトには反映されません。

　成果が出ていないように見えて、実は成果が出ているということもあります。例えば、以前よりもテストで応用問題が解けるようになったけれど凡ミスが増えて帳消しになり、テスト全体の成績は上がらないという例は意外に多いものです。

(これについては、付録記事の「一時的に成績が下がる理由」で詳しく書いています。)

　事前に両者の違いを理解しておかなければ、自主課題を頑張っても成果が出ないから意味がないということになり、結局は続かなくなります。受験生自身のモチベーションが下がって続けるのが難しくなることもあれば、親御さんが待てなくなって止めさせてしまうこともあります。

　自主課題を成功させるためには、時間がかかるという自主課題の性質を十分に理解した上で、ある程度は我慢していくということも必要です。

3－9：自主課題の内容は随時、修正する

一見、前項と矛盾するようですが、状況によっては最初に設定した自主課題の内容を修正していくことも必要です。修正が必要になるのは、自主課題を開始して間もない時、自主課題をかなり進めた時、外的な状況が変わった時の3つの場合です。

自主課題を開始する時、大雑把な目的と方法は決まっても、具体的な課題の設定（レベル、量など）について、ある程度は手探りになります。例えば、ある問題集を2ヶ月で完成させるという計画を立てた場合、実際に開始してみると3ヶ月かかるということが分かったり、逆に1ヶ月で終わるかもしれません。また、問題集が難しすぎてレベルが合わないという可能性もあります。

目安としては、その課題に1週間ほど取り組んでみて、量に問題があれば調整する、レベルに問題があれば課題そのものを変更するといった修正が必要になります。

自主課題のレベルと量に問題がなく、順調に進んでいても、状況によっては中断する方がいい場合もあります。例えば「プラスワン問題集」に取り組み、全体の80%の問題が完了したけれど、あとは難しい問題ばかりが残っていて、それを仕上げるには相当な時間がかかるという場合があります。

難関校受験生は「最後まで完了して、スッキリしたい」という意識を持っていて、多少時間がかかっても仕上げようとする傾向があります。それも間違った方法ではありませんが、一旦は別の課題に移り、2、3ヶ月後にプラスワン問題集に戻ってくる方が効率的で、結果的に成果が出る確率も高いでしょう。

　最後の「外的な状況」というのは、例えば学年が上がって通塾日が増えたり、算数以外の科目に時間をかける必要が生じることにより、自主課題の時間を今まで通りに確保できなくなるという場合です。前者は事前に計算できますが、後者は突発的に状況が変わることもあり、計算できないこともあります。その場合には、自主課題の一部をカットしたり、期限を延長するといったことも必要になります。

　3つの場合に共通するのは、一言で言えば「最適化」ということかもしれません。状況に応じて柔軟に対応していくことも必要になります。

4 章

算数の学習法1
（5年前期）

4−1：計算力がなければ本題に集中できない

　最終的に難関校に合格する受験生は、基本的には計算力が高いものです。実際、私が関わってきた中では、計算力に難がありながら難関校に合格した受験生は、過去に一人もいません。

　計算力には速度（スピード）と精度（正確さ）という2つの要素があります。速度、精度ともに一定以上のレベルがあれば計算力が高いと言えますし、速度、精度の一方、または両方に難があれば計算力が低いと言えます。

　計算力に難があると言うと、テストでの計算ミスを想像する方が多いかもしれません。確かに計算ミスで痛い失点をしたために塾のクラスが落ちた、といった話も少なくありません。しかし計算力に難がある場合、特に難関校受験においては、テストよりも普段の学習に与える影響の方が深刻で大きいものです。

　計算の速度に難がある場合、普段の学習において量をこなすことが難しくなります。例えば、計算の速度以外の実力が同じ受験生が3人いて、3人とも問題の解法を考えるのに1分かかり、その後の処理に、計算速度の速いA君は1分、平均的なB君は2分、計算速度の遅いC君は3分かかるとします。単純に考えると、この3人が1時間勉強した場合、こなせる問題数はA君が30問、B君が20問、C君が15問となります。

しかも、計算の速度が遅い方が処理に負担がかかることが多いので、A君は30問が終わった後でも余力があってそのまま継続できる一方で、C君は15問が終わった時点で疲れてしまうので休憩をとらないと苦しい、ということが起こります。つまり長時間の学習では、上記の数字以上の差がつくことになります。

　計算の精度に難がある場合、普段の学習において質を保つことが難しくなります。問題を解いて答え合わせをする際、答えが合っていれば丸をつけてそのまま次の問題に進めますが、答えが合わない場合は、まずは解説を見て原因を特定する必要があります。

　まだ解説の解法が自分と同じであればスムーズに確認できますが、別の解法だった場合、自分の解法が妥当なものだったのかどうかを確認することも必要になります。最終的に原因が特定できたとしても、特に扱う問題のレベルが上がるほど、この作業に要する時間と労力は大きくなります。計算ミスが多く、仮に3回に1回の確率で計算ミスをするとしたら、それによる時間と労力のロスはあまりにも大きくなります。

　そういう苦労が本物の実力を育てる、といった考え方もあるのかもしれませんが、現実的な話、難関校受験においてそういう悠長なことをして勝つのは難しいものです。実際、難関校受験で成功する受験生は別の次元で勝負しています。計算力がなければ、難関校受験の土俵に上がること自体が難しくなります。

4－2：基本問題は反射的に解けるまで反復する

入試問題の場合は事情が違ってきますが、普通の模試では50分の制限時間で約30問が出題されます。つまり、単純計算では1問あたり1分40秒で解くことになります。

「自宅学習では解けているのに、模試になると解けない」という話をよく聞きますが、詳しく確認すると「時間をかければ解ける」という状態であることが多いものです。

多少の個人差はありますが、自宅学習で2分以内に解けていた問題は模試でも解けることが多く、逆に5分以上かけて解けていた問題は模試では得点につながらなかったり、解けてもそこで時間をロスして他の問題にしわ寄せが出てしまう傾向があります。

つまり模試で結果を出そうと思ったら、ただ「解ける」というだけでなく「2分以内に解ける」状態に仕上げておく必要があります。

2分以内に解くためには、一つ一つのプロセスを考えながらではなく、ある程度は反射的に解けなければなりません。特に基本問題については、頭を使わずに条件反射で解けるようになる必要があります。

「頭を使わずに解く」という表現は誤解を招きかねませんが、例えば九九の計算を頭を使わなければ出来ないという状態を想像していただくと良いかもしれません。難関校受験生にとって、基本問題は九九の計算に近いものがあります。

一般的に難関校受験生は解法の習得が速いので、基本問題であれば少ない練習でも解ける状態にはなります。ただ、その段階ではまだ反射的には解けないことが多いものです。

基本問題を「反射的に解ける」状態に仕上げていけば、模試で結果を出しやすくなるだけでなく、その後の学習効率にも大きな違いが出てきます。逆に、既に反射的に解けているのであれば、それ以上の反復はあまり意味を持ちません。

4－3：基本問題の完成度は標準問題に影響する

　私は算数の問題の難易度を、易しい方から基本、標準、応用、発展の４段階に分類しています。基本はほぼ公式の適用で解ける問題、標準は公式を少しアレンジしなければ解けない問題といった感じになりますが、難関校受験生は５年生の内に基本、標準の２段階は完成させておきたいところです。

　大半の難関校受験生にとって、基本問題は「ただの通過点」というのが正直なところかもしれません。ただ、基本問題への対処を間違えて効率の悪い学習をしている例は意外に多いものです。

　基本問題への対処ミスで多いのは、反射的に解けていない状態で「もう大丈夫だろう」と過信してしまうことです。

　基本問題の完成度は、標準問題の学習効率に影響します。基本問題の完成度が低いと、標準問題を解く際の処理速度、解説を読む際の吸収率など、一つ一つのプロセスで余計な時間や労力が必要になってしまいます。

　前項では、基本問題を九九の計算に例えましたが、九九をうろ覚えの状態で複雑な計算問題を解くと１問に10分かかる、という感じに近いかもしれません。大人であれば、ブラインドタッチ

が出来ない状態で800字程度の文章を入力するのに30分かかる、という感じかもしれません。

　こういう例えをすると笑い話になりますが、中学受験では自覚のない状態でそれに近いことをしてしまっている例が意外に多いものです。

　基本から標準への移行に限らず、標準から応用、応用から発展でも言えることですが、あるレベルの完成度は必ず次のレベルに影響します。そのことを意識して、各レベルの完成度を上げていく必要があります。

4－4：明らかに解ける問題はカットする

　問題集の1巡目が終わって2巡目を行う際に、1巡目で解けなかった問題だけを行うべきか、念のため1巡目で正解した問題も行うべきか、という相談を受けることがあります。

　確かに1巡目で解けた問題も、再び解いてみると10問に1問くらい解けないという可能性は十分にあります。ただ、学習効率ということで判断すれば、その1問の漏れを防ぐために残りの9問を解くというのは無駄が多いと言えます。

　もちろん同じ「解けた」という結果でも、1分で解けた場合と5分で解けた場合では状況が違います。1分で解けたのは「明らかに解ける問題」ですが、5分で解けたのは「明らかに解ける問題」とは言えません。時間を短縮する意味でも、再び行う価値はあります。

　1つの方法として、短時間で正解した問題は◎、正解したけれど時間のかかった問題は○という形で各問題の状況を記録しておき、2巡目は◎をカットするというのも良いかもしれません。

　根本的な話をすれば、受験勉強は「解けない問題を解ける問題に変えていく作業」の繰り返しです。例えば、短時間で解ける状

態を理解度100%、ある問題についての理解度が20%だとすれば、その80%分のギャップを埋める作業が受験勉強です。

　短時間で解けた問題を解き直しても「解けることの再確認」にしかならず、ギャップは（もともと存在しないので）埋まりません。つまり、受験勉強でさえないことになります。

　一方、5分かけて解けた問題の理解度が60%、解き直しをして理解度が90%になったとすれば、30%のギャップが埋まったことになりますが、これは十分に受験勉強と言えます。

　いずれにしても、既に反射的に解ける問題を解き直して得られるものは多くありません。明らかに解ける問題はカットするということは、常に意識していく方が良いかもしれません。

4−5：効率化すれば最終的な演習量が増える

　量をこなせる受験生は、常に有利な状態で受験勉強を進めることができます。逆に、量をこなせない受験生は、早い段階では上位の成績をとっていても、最終的には量をこなした受験生に逆転されてしまう傾向があります。

　同じ受験でも、大学受験の場合は「量の不足」を質でカバーする余地がありますが、近年の中学受験では「量の不足」は致命的で、質でカバーすることは難しいというのが実情です。

　その原因として、出題される問題の質の違いもありますが、年齢的な違いの方が大きいかもしれません。年齢が高いほど「質で量をカバーする」ことが上手くなりますが、小学生にとっては大人が思っている以上に難しいものです。

　難関校合格者が量をこなしていたという話をすると、元々の能力が高いから量をこなせるのではないかと思う人もいるかもしれません。確かにそれも完全に間違いではなく、ある程度は能力に比例する部分もあります。

　ただ、同じ能力でもこなせる量には大きな違いが出ます。それは、同じ受験生が方法を変えるだけでこなせる量が数倍になる例

が多くあることからも説明できます。

　能力による影響もありますが、それ以上に大きいのは方法（効率性）による影響です。

　例えば制限時間50分のサピックス模試で、上位生だから「15分で解き終わる」ということはまずありません。かなり早い受験生でも、35分程度はかかってしまいます。仮に30分で終えたとしても、平均的な受験生の1.7倍の速さということになります。しかし家庭学習では、同じ時間にこなせる課題の量が3倍程度になることは珍しくありません。

　試験では受験生全員が（基本的には）同じ方法で取り組んでいるため、そこまで極端な差がつきにくいのですが、家庭学習では方法（効率性）が違うことで、極端な差がついてしまいます。

　前置きが長くなりましたが、学習法を効率化するという場合、その最終的な目的は「演習量を増やす」ことにあります。「効率化する」こと自体が目的になるのではなく、本当の狙いを意識することも必要です。

5 章

算数の学習法2
（5年後期）

5−1:一昔前の応用問題が標準問題になる

1990年頃、当時の中学受験の算数について「こんな問題は難関大学生でも解けない」と話題になることがありました。「平成教育委員会」というテレビ番組も人気で、世間にも「中学入試の問題は難しい」というイメージが広まりました。

本書を書いている2016年では、当時の中学入試問題の多くは、現在の中学受験生にとっては基本問題になっています。受験生の親御さんにも中学受験経験者がおられますが、御自身の経験を生かして子供に教えようとしても難しいことが多いようです。

入試問題は少しずつ進化しています。数年ではそこまで大きな変化はありませんが、25年も経てば、単純に難易度だけでなく、問題の質や受験生に要求される能力といった、根本的なことが変わってきます。

問題の進化は、次のような過程を踏むことが多いです。
（1）ある学校で新しい問題が出題される
（2）別の学校でアレンジして出題される
（3）一つのパターンとして確立され、塾で仕組み（解法）を教えるようになる
（4）そのパターンを前提として、新しい問題が出題される（以

下、繰り返し）

　25年前の入試問題の中には、衰退して既に姿を消したものもあれば、上記の進化を何巡か繰り返して今に至っているものもあります。

　25年前の入試問題は、ずば抜けた思考力、発想力があれば、初見でも（予備知識がなくても）何とかなるものが多かったように感じます。しかし、何巡か進化を繰り返した問題を予備知識なしに解くことは、はっきり言って難しいです。

　25年までいかなくても、5～10年といった一昔前の応用問題が標準問題に、標準問題が基本問題に変わっていることは多々あります。

　難関校受験において戦略ミスをしないためには、このような背景（入試問題が進化していること）についても知っておく方が良いかもしれません。

5－2：流行問題の後追いは限界がある

　前項で入試問題の進化について触れましたが、もう少し掘り下げたいと思います。

　入試問題には古い問題もあれば、新しい問題もあります。最新の入試で出題される「流行問題」がある一方で、問題集などには載っていても、今の入試では（そのままの形では）出題されにくい「化石問題」もあります。

　例えば30年前に新しいパターンが生まれ、それが２、３のパターンに枝分かれして、さらにそれぞれのパターンが２、３のパターンに枝分かれして、…という繰り返しで、もともとは１つだった問題が今では10以上のパターンに枝分かれしているということは少なくありません。

　その場合、大元の問題（化石問題）が出題されることはほとんどなく、実際に出題されるのは何回か枝分かれして出来た最終形（流行問題）の方ですので、単純に考えればその最終形を潰していく必要がある、ということになります。

　もし時間が十分にあり、化石問題から始めて進化の過程を順に確認しながら流行問題にたどり着く、ということができるのであ

れば理想的かもしれません。

　しかし、それだけの時間を確保できる受験生は少なく、時間があったとしてもそれを実践するための具体的な方法となると難しい、というのが実際のところです。

　現実的なアプローチとしては、流行問題を片っ端から押さえていく、要は後追いするという方法があります。実際、現在の主流はこの方法かもしれません。大きく失敗する可能性は低く、比較的早い時期に仕上がりやすいという利点もあります。

　ただ、最終的に難関校を狙うのであれば、この方法が最善ではないというのが私の実感です。この方法で解法の雰囲気は押さえられますが、根本的な仕組みを理解しづらいという難点があるからです。

　根本的な仕組みを理解していないと、肝心な所で応用がきかなくなります。大多数の学校では、それでもごまかしがききますが、難関校では致命傷になることがあります。

　もう一つのアプローチとしては、化石問題と流行問題の中間に位置する、比較的古い定番問題（中間題）を先に習得した上で、流行問題を押さえていくという方法があります。私はこの方法を

実践していますが、最終的な難関校受験での成功率も高く、有効だと感じています。

流行問題を押さえるだけでも大変なのに、さらに学習量を増やす（中間題も取り組む）というのは無理がある、と思われるかもしれません。

しかし、実際は中間題を先に習得することで流行問題の理解、定着がスムーズになるため、長期的には負担が変わらない（または軽くなる）というのが私の実感です。

中間題は比較的シンプルなものが多く、即効性（短期間で入試での得点につながる）という点では流行問題に劣りますが、中学受験算数の根本的な仕組みを理解するという目的には向いています。

流行問題を50%解けることが最終目標であれば、最初から流行問題の後追いをする方が早いでしょう。

しかし、流行問題を80%解けて、そこからアレンジされた問題にも対応できるということが最終目標であれば、中間題を固めてから流行問題を押さえていくという手順を踏む方が、成功率は高いと感じます。

5－3：算数の骨格を作る教材

　前項で「難関校を目指すなら、中間題を固めるべき」ということを書きましたが、もう少し具体的に書きたいと思います。

　中間題は比較的古くシンプルな定番問題で、時代的には1990〜2000年頃に出題された入試問題が中心となります。そして、その頃の入試問題を扱っているのは（目安として）2000〜2005年頃に出版された教材が多いということになります。

　実は、サピックスの「デイリーサピックス（サポート）」、四谷大塚の「予習シリーズ」、日能研の「本科教室」といった、大手塾の教材（主に5年生教材）には、中間題が多く含まれています。

　規模の小さい塾であれば、体力的な理由で改訂できないという可能性もあります。しかし、大手塾でその理由は考えにくく、もし「古い定番問題を解くことは効果的でない」と判断しているのだとすれば、5年生教材でそのような問題を多く扱うということはないはずです。

　5年生で古い定番問題を習得して中学受験算数の骨格を作り、6年生で応用問題や流行問題を習得するという方針のもとで、そのような教材を作成しているのではないかと思います。

大手塾で5年生に習う内容をしっかり習得すれば、ある程度は中学受験算数の骨格を完成させることができます。もし今が5年生で、塾で十分な成績が取れていない状況であれば、まずは塾の課題を確実に習得していくことを優先するべきでしょう。

　ただ難関校を目指す場合には、塾の内容だけでは必要な問題を網羅しきれなかったり、応用問題が不足してしまうというのが私の実感です。万全な骨格を作るためには、塾の内容を習得した上で、自主的に中間題を固めていく必要があります。

　その目的で私が使用しているのは「四科のまとめ」「応用自在問題集」「プラスワン問題集」「ステップアップ演習」の4冊です。

　受験指導者の間では、いずれの教材についても賛否両論があり、「問題が古い」「最近の入試で出題される問題が抜けている」「時代に合わなくなっている」といった声もあります。

　確かに即効性（入試で得点になる）という意味では厳しく、入試直前期の使用には向いていないでしょう。ただ、この4冊には1990～2000年頃の入試問題が多く含まれていて、中学受験算数の骨格を作るという目的には非常に適しています。

　本書を書いている時点（2016年）では、「四科のまとめ」は

四谷大塚の通販、「プラスワン問題集」「ステップアップ演習」は市販で購入可能ですが、「応用自在問題集」は絶版になり、中古でしか入手できなくなっています。

「応用自在問題集」については、「応用自在」（参考書）で代用することも可能です。（「応用自在」は市販で購入可能です。）

あくまで私の感覚ですが、問題を上手く選べば「応用自在問題集」の方が効果的だと思います。ただ、個人で自習する場合には問題の選択が難しいことと、入手のしやすさという理由で、「応用自在」の代用をお奨めすることもあります。

「応用自在」を使用する場合は、例題のみを進めていくという方法が良いと思います。（それだけでも十分な量があります。）

余談ですが、5年前期に「四科のまとめ」「応用自在問題集」を終えたサピックスに通う生徒さんから、5年後期に「塾で同じ問題が出てくる」という話をよく聞きます。

サピックスに通う難関校受験者にとっては、上記の2冊を5年前期に行うことで、5年後期に余裕が生まれるという効果もあるようです。

5－4：純粋な思考力勝負は苦しい

　開成、筑駒、灘などの最難関校に合格する受験生は思考力や発想力が抜群で、初見の問題でも簡単に解いてしまうというイメージを持っている方も多いのではないでしょうか。特にその最難関校の上位合格者にもなると、どんな難問も一瞬で解けると思われているかもしれません。

　そのような受験生も存在するとは思いますが、都市伝説に近いというのが私の実感です。例えばサピックスには6年生が5,000名ほど在籍していますが、その中に数名程度ならいるかもしれないという印象です。

　実際、私が家庭教師で深く関わってきた中でも、サピックスで突出した結果（4科目の総合成績で1位または1桁順位）を残した生徒さんが直近7年間で5名いましたが、決して「誰も解けない難問を解いてしまう」というタイプではありませんでした。

　彼らに共通しているのは「バランス感覚」が優れていて、結果的に効率的な学習をしているということです。例えば、難問に取り組む際に一定の時間をかけて最善は尽くしますが、必要以上の深追い（時間無制限で考え続けるなど）はしないという感じです。

難問に時間無制限で取り組み、純粋に思考力を鍛えていくという方法を否定するつもりはありません。それを続けていくことで、初見の問題にも強くなるでしょう。

　前者（時間制限あり）は適度に思考力を鍛えつつ、適度に解説も読んで知識（解法）を効率的に増やし、守備範囲を広げていくという方法です。一方、後者（時間制限なし）は自力で考え抜くことを重視して、純粋な思考力で勝負するという方法です。

　前者で成功する受験生は「秀才型」、後者で成功する受験生は「天才型」と言って良いかもしれません。いずれの方法が正しいということはなく（一般的には後者が賞賛され、前者が批判されることが多いかもしれません）、1980〜1990年頃の中学入試では後者の成功例も多かったのではないかと思います。

　ただ現実的な話として、今の入試では後者の方法での成功率は低くなっています。上手くいった場合に大成功する（灘に算数で受験者最高点をとって合格したり、算数オリンピックでメダルをとるなど）可能性があるのは後者の方かもしれませんが、失敗するリスクは高くなります。

　「プラスワン問題集」で有名な望月俊昭先生は、今の算数の入

試問題について「算数オリンピックのファイナル経験者が初めて解いて30分以上かかる問題でも、解き方を知っていれば誰もが5分で解ける、ということがいつも起こる」(「中学への算数(2012年4月号)」より抜粋)と発言されています。

　今の入試問題は「解法を知らなければ(普通は)解けない」という性質の問題が多くなっています。もちろん難関校の場合は「解法を知っていれば合格できる」といったレベルではありませんが、解法を知っていることが最低条件で、そこから先(定番の解法から外れた部分)の思考力勝負という感じになります。

5−5：一定レベルの思考力は必要

「純粋な思考力勝負は苦しい」とは言っても、思考力がなくても難関校に合格できるということではありません。突出した思考力は不要ですが、一定レベルの思考力は必要になります。

思考力については、多くの方が「0から1を生み出す」ことだと誤解しているかもしれません。算数で言えば「初見の問題を解ける」「解法を発見する」といった感じですが、多くの場合、その認識は間違っています。

私のイメージする（今の難関校入試で要求されている）思考力は「7から10を生み出す」ということです。0から7に至るまでは既に知識（定番問題の解法）として知っている前提で、そこから先（7から10）は思考力勝負という感じになります。

例えば、入試本番で1大問に10分かけられる場合、知識のある受験生は「7から10を生み出す」ことに10分をかけますが、知識のない受験生は「0から7を生み出す」のに5分、「7から10を生み出す」のに5分という時間配分になります。

もちろん実際はこんなに単純な話ではありませんが、それほど外れてはいないと思います。仮に突出した思考力を持っていても、

知識が不十分だと大きなハンディキャップを背負ってしまう可能性が高いのです。

　そしてもう一つの重要なポイントは、難関校受験においては「最後は思考力が決め手になる」ということです。正確に言えば「足を引っ張らないレベルの思考力」ということになります。

　例えば、開成は（大雑把に言って）1200人が受験して400人が合格する試験です。その受験者の中で、上位50人しか解けないレベルの思考力問題は解けなくて良いのですが、上位400人が解けるレベルの思考力問題は解けなければならないということになります。

　一定レベルの思考力は「中間題」（比較的古い定番問題）を学習する際に、根本的な仕組みを（解説を読んで）丁寧に確認していくことで身に付きます。

　例えば「1歩につき1段か2段のぼるとき、10段の階段をのぼる方法は何通りあるか」という有名問題があり、普通は「フィボナッチ数列」で解説されています。

　その時に、ただ単に「フィボナッチだから」で済ませてしまえ

ば思考力は身に付きませんが、フィボナッチになる根拠（前の2つの和が次の結果になる仕組み）を理解することで、思考力（思考の型、フレームのようなもの）が上積みされます。

階段の問題については、比較的無理なく仕組みを理解できますが、現実問題として、すべての問題について仕組みを理解していくことは無理があります。

実際には、解説を読んで理解できる場合は理解する、理解できない場合は（とりあえず解法を覚えて）完全な理解は先送りする、というのが現実的な方法になります。

先送りしていた内容が、数ヶ月後になって「そういうことだったのか」という感じで、つながってくることは多々あります。

重要なのは、適度に思考力を鍛えるという意識を持つことと、そのための習慣（可能な範囲で仕組みを理解していく）を実践するということです。

5－6：勝負所を見極める

　中学受験で成功するためには「勝負所」を見極め、そこからの逆算で対策を立てる必要があります。要は「その場しのぎの学習」ではなく、長期的な見通しを立てた上で「仕込みの学習」を進めていくということです。

　難関校を目指す場合、算数の最初の勝負所は５年生の９月だと私は考えています。それまでに比べて学習内容が高度になり、試験の平均点も下がる傾向があります。

　５年前期までは、試験の平均点も比較的高く、ミスをするかどうかの勝負になる傾向があります。この時期は、将来的に難関校を目指す能力がある受験生でも凡ミスで偏差値が伸び悩んだり、逆に応用問題に歯が立たず、そのままの状態では難関校を目指すには厳しい受験生でも、ミスをしなければ高い偏差値が出てしまいます。

　そのため、５年前期までは直近の成績には神経質にならず、５年後期以降に向けて、先取り学習や中間題（比較的古い定番問題）を固めるなどの「仕込みの学習」を進めていく方が、難関校への合格率は上がります。

　２番目の勝負所は６年生の４月です。サピックスオープン、合

不合判定テストなど、入試への試金石となる本格的な実力試験が始まります。

　3番目の勝負所は6年生の9月です。学校別サピックスオープンなど、学校別模試が本格的に始まり、難関校への合格可能性が明らかになります。

　最後の勝負所は6年12月以降です。受験生全体のレベルが大きく底上げされ、ここでの失速は致命傷になります。

　勝負所に向けては、そこから逆算した学習を数ヶ月前から進めておく必要があります。5年9月に向けては5年前期、6年4月に向けては5年後期、6年9月に向けては6年前期に先手を打つ感じになります。

　6年12月以降に向けては、そこで加速するための下地を6年9〜11月に作っておく必要があります。また、状況次第では目先の結果を捨てるべき場合もあります。

　勝負所を見極めて逆算することは受験戦略の基本ですが、十分に実践できていなかったり、そもそも勝負所という発想がない方が多いというのが実情かもしれません。

5−7：模試のミス率が5％以下なら影響しない

　前項で「5年前期までは、ミスをするかどうかの勝負になる」と書きましたが、ミスをすることへの対処について書きたいと思います。

　難関校受験生の親御さんから「ミスが多いので減らしたい」という相談を受けることは、かなり多いものです。逆にミスの悩みを持たない例は非常に少なく、大多数の方は多かれ少なかれミスをすることが課題だと感じています。

　私が家庭教師の生徒さんについて「ミスが少ないですね」と指摘すると、親御さんに驚かれることがあります。ミスについては、ミスを全くしない状態との比較ではなく、他の難関校受験生に比べて多いのか少ないのかという視点で見る必要があります。

　あくまで私の感覚になりますが、難関校受験生が模試でミスをする確率（ミス率）は平均で7％程度だと思います。問題数が30問の模試であれば2問程度のミスということになります。

　目安としては、ミス率が5％以下であればミスが少ない方だと言えます。逆にミス率が10％以上であれば、ミスが多いということになります。

模試は50分の制限時間で30問程度を解く、つまり1問あたり1分40秒前後という作りになっています。一方、多くの難関校の入試問題は1問あたり3分を超えています。

　模試は実際の入試に比べて短時間で処理することになり、ミスが発生しやすくなっています。その模試でミス率が5％以下であれば十分に処理の精度は高いので、実際の入試で「ミスの多さ」がネックになる可能性は低いでしょう。

5－8：後手の対策はハンディキャップになる

　受験生の親御さんが学習法や教材の情報を集める際に、どういう方法、どの教材という意識はあっても、どのタイミングで行うかという視点を欠いていることが少なくありません。

　例えば「プラスワン問題集」は非常に良い教材で、難関校受験生が早い時期（5年後期など）に仕上げれば、大きな成果が得られます。しかし遅い時期（6年後期など）に行う場合、得られる成果は限定的なものになってしまいます。

　「プラスワン問題集」が扱っている問題は良問ですが、最新の入試傾向は反映されていません。そのため「算数の土台」を作る目的には適していますが、難関校受験生が入試直前期の仕上げに使用するという目的には向いていません。

　同じ学習法、教材でも、どのタイミングで実施するかによって、そこから得られる成果は大きく違ってきます。特に近年の難関校受験では、プラスワン問題集の例に限らず、早いタイミングで取り組んで成功する例が増えています。

　塾業界でも「早めに仕上げる」という方針が主流になりつつあります。一例として、「予習シリーズ」のカリキュラム変更が挙げられます。

5章 ▶▶ 算数の学習法2（5年後期）

　数年前までは、サピックスは他の首都圏大手塾（四谷大塚、日能研など）より半年ほど早い進度でした。しかし、そのサピックスが難関校受験で圧倒的な実績を挙げていることもあり、四谷大塚は（おそらくサピックスを意識して）「予習シリーズ」をサピックスと同程度の、早期完成のカリキュラムに変更しました。

　もともと教材として使用者数が最も多い「予習シリーズ」の進度が早くなったことで、大手塾だけに限らず、中学受験生全体の平均の進度は一気に早くなりました。

　また、サピックス生は他塾生に比べて自主課題（中学への算数など）に積極的に取り組む傾向がありますが、その内容を見ていても、同じ教材を使用するタイミングは、ここ数年間で確実に早くなっています。

　以前は「先手の対策が有利になる」という状況でしたが、今では「後手の対策が不利になる」という状況に変わりつつあります。「先手必勝」ではなく「後手必敗」と言える状況かもしれません。

　学習法や教材の情報を集める際には、その内容だけでなく、どのタイミングで実施するべきかという情報も同時に集める必要があります。

6 章

算数の学習法3
（6年前期）

6−1：「趣味の勉強」ではなく受験勉強をする

　中学受験生を見て思うのは、受験勉強ではなく「趣味の勉強」をしている受験生が多いということです。本当の意味での受験勉強をしている受験生は少ないものです。

　頑張って勉強しているのに、それを「趣味の勉強」とは冗談ではないと反論されるかもしれません。もし私が受験生で、他人から「趣味でやっているのか」と言われたとしたら、非常に嫌な気持ちになると思います。

　中学受験では、最終的には「制限時間内に合格点をとる」ことが要求されます。例えば2016年度入試では、開成の算数では「60分以内に85点満点で45点以上をとる」こと、桜蔭の算数では「50分以内に100点満点で60点以上をとる」ことが要求されています。（開成は学校発表のデータをもとに私が算出し、桜蔭は四谷大塚の分析データを参照しました。）

　その要求をクリアするために入試日（2月1日）から逆算して計画を立て、必要な勉強を進めているのだとすれば「受験勉強」をしているということになります。

　一方で、必要な勉強ではなく「やりたい勉強」をしているのだ

とすれば、それは「趣味の勉強」をしていることになります。

例えば、ある日の算数の学習として、60分かけて難問を2題、解いたとします。これは「趣味の勉強」でしょうか。

その受験生が「5分考えて解けない問題は解説を読むというルールで、60分に15題くらい進める」という方法と「60分に1、2題で終わっても良いので、1題をじっくり考え抜く」という方法の両方を天秤にかけた上で、あえて後者を（受験に有利になるという理由で）選択したのであれば、その判断が正しいかどうかは別にして、立派な「受験勉強」だと言えます。

そうではなく、単に「難問を自力で解きたい」「解説を読むのは悔しい」という理由であれば、特に6年生になってからそれをやっているのであれば、失礼な言い方ですが「趣味の勉強」ということになります。

極端な例を挙げましたが、もっと軽いレベルでの「趣味の勉強」をしてしまっている受験生は多い、というよりも大多数と言って良いかもしれません。

6－2：最終的には経験値が決め手になる

算数の入試問題は、次の4種類に分類できます。
（1）多くの受験生が類題を経験していて、難問ではない
（2）多くの受験生が類題を経験していて、難問である
（3）類題を経験している受験生は少ないが、難問ではない
（4）類題を経験している受験生は少なく、難問である

この中で、難関校入試において合否を分ける決め手になるのは（2）～（4）です。（1）は正解率が極端に高くなる傾向があり、凡ミスで落として致命傷になる場合はありますが、基本的には差がつきにくいからです。

（2）は、複雑な立体切断、ダイヤグラムを駆使する速さの応用問題など、考え方や処理の難しさはあるけれど、大半の難関校受験生が類題を解いた経験はある、言ってみれば「難しい典型題」です。

難関校受験生にとっても（2）は難しいことが多いのですが、合格する受験生は、入試本番までには「解ける状態」に仕上げてきます。

（2）を攻略するコツは、とにかく類題を多く解くということ

です。例えば「立体の切断が苦手で困っている」という相談を受けることがありますが、そもそも類題の演習量が不足していることがあまりにも多いと感じます。

苦手な受験生が、そういう問題を1、2題解いて「難しい、分からない」と言っている一方で、得意な（得意になる）受験生は類題を10題以上解いている、ということも少なくありません。

得意な受験生も、演習量が少ない時点では理解できなかったり、理解できても雰囲気が分かった程度で、少し形が変われば対応できなくなることが多いです。しかし演習量が増えてくると（量をこなすことで）仕組みが見えてきて、応用がききやすくなります。

（3）は、大半の受験生にとって初見だったり、定番の解法パターンに当てはまらないけれど、落ち着いて取り組めば実はそれほど難しくない、言ってみれば「易しい非典型題」です。

「非典型題」という意味では（4）も同様ですが、問題を解く前に（3）と（4）を見極めることは難しく、実際に解き始めてから、その問題の難易度が見えてくることも多いです。

（4）は正解率が低くなる傾向があり、合否の直接の決め手になるのは（3）の方です。ただ、（3）を正解することだけでなく、

（4）に試験時間を浪費しないことも重要です。

　対策としては、普段から非典型題を解く機会を意識的に作り、対応に慣れておくということが必要です。

　例えば「こんな問題、初めて見るなあ」と思っても、とりあえず解いてみます。実際に解いてみて、思ったよりも易しかったということもあれば、やはり難しかったということもあるでしょう。いずれにしても、非典型題を解く「訓練」になります。

　その訓練を繰り返す中で「ここまでは踏み込むけれど、それ以上は深追いしない」という「線引き」の感覚が少しずつ身についてきます。やれる範囲でやってみる（無理はしない）という「割り切り」と言っても良いかもしれません。

　「やらない（諦める）」のでも「やりきる」のでもなく「やれる範囲でやる」という感覚が十分に身に付けば、（3）（4）で失敗をしてしまうことは少なくなります。

　（2）は類題の演習量という意味での「経験値」、（3）（4）は訓練の場数を踏むという意味での「経験値」が決め手になります。意味合いは少し違いますが、いずれの場合も「経験値」が決め手になるという点では共通しています。

6－3：上位層から下降する受験生の特徴

　比較的早い段階、例えば5年生前期までは上位層だったのに、そこから少しずつ下降して難関校受験に失敗してしまう受験生は少なくありません。

　そうなる受験生には、次の2つのタイプが多いです。
　A：テスト範囲を人並み以上に反復することで、本来の実力以上の成績をとっていた
　B：能力が高いため我流の解法でも成立して（高い成績がとれて）しまい、新しい知識を吸収することに慣れていない

　Aは、塾課題の内容が比較的易しく、量も多くない5年前期までは成立しやすい方法です。テスト範囲を数回反復したり、人によっては塾テストの過去問を入手して万全の対策をとることもあります。

　ただ、この方法は塾課題の内容が難しくなったり、量が増えると厳しくなります。さらに6年後期になり、学校別模試や過去問演習が始まると、それまでの成績の割には良い結果が出せなくなってしまうことが多いです。

　改善策としては、まず塾テストの成績に対するこだわりを弱め

ていく必要があります。テスト範囲の必要以上の反復や過去問による塾テスト対策は、塾のクラスや成績を維持するには効果てき面ですが、入試対策としては最善の方法ではありません。

　過剰な塾テスト対策をやめることで時間に余裕が生まれます。その時間を使って、難関校受験の定番教材（プラスワン問題集、中学への算数など）に取り組むことで、塾テストの成績は一時的に下がるかもしれませんが、入試対策という意味では効果的な学習ができます。

　Bは、大雑把に言えば「ＩＱが高い」受験生、1を聞いて10が分かるタイプと言っても良いかもしれません。普通の受験生が順を追って整理するところを、そのプロセスを大幅にカットして正解にたどり着いたり、曲芸に近い解法で問題を解いてしまうことが少なくありません。

　このタイプは、5年前期までは多少強引な方法であっても、力づくで押し通せてしまうことが多いです。

　適切な例えか分かりませんが、突出した才能を持つ陸上競技の短距離選手が、ある時期、あるレベルまではフォームに多少の問題があっても勝ててしまう、ということに近いかもしれません。

ただ、このレベルの受験生であっても、ほぼ間違いなく壁に当たる時がきます。それくらい今の入試は「知らなければ解けない」問題が多くなっています。

　その時に、解法を教わって理解、吸収していければ、はっきり言って何の問題もありません。むしろ、もともとの才能を考えれば「鬼に金棒」と言えるかもしれません。

　しかし、このタイプの受験生は「教わって理解、吸収する」ということに慣れていないため、いざやろうとしても上手くいかないことが少なくありません。

　単純にその作業がスムーズに出来ないということもあれば、プライドが邪魔をしたり、「解説を読む」ことにネガティブなイメージを持っていることもあります。

　A、Bのいずれのタイプも根本的な取り組み方を変えれば、かなりの確率で状況を改善することができます。6年後期になると時間的に厳しくなるかもしれませんが、6年前期までなら十分に間に合います。

6-4：良質な解法は応用からの逆算になっている

　解けない問題の解説を読むことへの異論は少ないでしょうが、解けた問題の解説を読むべきかどうかについては、意見が分かれるところではないでしょうか。

　理想を言えば、解けた問題についても念のため解説を確認して、自分の解法よりも効率的な解法が紹介されていれば、それを理解、吸収していくということになります。

　個人的には、苦戦した問題はともかく、スムーズに解けた問題の解説は（本当は確認するに越したことはないのですが）無理に確認しなくても良いと思っています。問題が解けた時に「解説も確認しなさい」と言われても、ほとんどの受験生は納得しないからです。必要性を感じていない状態で解説を読んでも、その内容が響くことは少ないでしょう。

　ただ、例外的に良質な解法を多く含む問題集の解説は、特に難関校受験生には、出来るだけ読むことを奨めています。（授業で教える場合には、別解として伝えています。）

　良質な解法は、最終的に応用問題が解ける状態を想定して、そこからの逆算になっています。

6章 ▶▶▶ 算数の学習法3（6年前期）

　例えば、ある基本問題についてA、Bの2種類の解法があり、その問題を解くだけならAの方が楽に解けるとします。しかし、Aだと基本問題では楽ができるけれど、応用問題になると通用しなくなり、逆にBは基本問題を解くには不向きだけれど、応用問題になると威力を発揮する、ということがあります。

　解法が良質かどうかは、正直、実力が十分についていない状態で判別することは難しいです。ただ、定評のある問題集の解説には、応用問題になっても通用する、良質な解法が紹介されていることが多いです。

　塾教材の解説でも「もっと簡単に解けるのに、なぜ難しい方法で解くのか」と疑問を感じることがあるかもしれませんが、かなり後になって「そういうことだったのか」とつながることが少なくありません。

　信用できると思った教材については、解けた問題についても「応用からの逆算かもしれない」と思って、参考にしていくと良いでしょう。

6－5：解説が理解できない問題は深追いしない

　前項で解説を読むことについて書きましたが、解説を読んで理解できない場合は「無理をしない」ということも必要です。

　多くの場合、問題集などの解説は、その前段階（1段階低いレベル）の内容が理解できていることを前提に書かれています。

　極端な例になりますが、例えば解説に「$6 \times 6 \times 3.14 \times 4 = 452.16$」という箇所があったとして、「$6 \times 6 = 36$ だから」とか「小数点の扱い」といった初歩的なことはもちろん、「3.14以外を先に計算する（144×3.14 の形にする）」といった常識レベルのことは、ほぼ省略されます。

　もう少し高いレベルで「断頭三角柱の体積」というテーマがあります。三角柱を斜めに切って出来た立体の体積を「底面積×高さの平均」で求められるというものですが、これも高いレベルの解説になると「断頭三角柱だから」といった但し書きもなく、普通の式として書かれていることもあります。

　問題が解けなかった場合でも、解説を読んで内容を理解できたのであれば、その前段階の内容は理解できていることになります。そして、そういう問題は1、2回反復すれば定着させることができます。

逆に解説が理解できないのだとすれば、受験生に問題がある(前段階の内容を理解していない)か解説に問題がある(解法に癖がある、省略すべきでない箇所を省略している、など)かのどちらかです。

ただ、解説が理解できない場合でも、かなり後になってつながってくることもあります。その原因ですが、一つには「熟成される」ということがあります。最初に読んだ時は消化しきれなかったけれど、時間(数週間〜数ヶ月)をかけて消化していく、という感じです。

もう一つには「間接的に(その内容に)触れていた」ということがあります。例えば問題集で理解できなかったテーマについて、その後、塾で関連する内容を教わってから問題集に戻ると、既に理解できる状態になっていた、という感じです。

いずれにしても、解説が理解できない場合に時間をかけて無理に理解しようとするのは効率が悪いだけでなく、モチベーションを下げる原因にもなります。

解説が理解できない場合は「深追い」はせず「浅追い」をする感覚で接するのが良いでしょう。

6－6：時間度外視の学習には再現性がない

　受験指導をしていて感じるのは、時間の制約に無頓着な受験生があまりにも多いということです。

　例えば、筑波大学附属駒場中学の算数は、問題自体も易しいわけではありませんが、難しさの本質は40分という制限時間にあります。問題を変えずに制限時間を60分にすれば、試験の難易度は一気に下がります。

　筑駒の大問1の（1）を20分かけて解いて「筑駒の問題が解けた」と言って喜ぶのは、4年生くらいであれば意味のあることですが、5年生以降にその感覚を持っているのは危険です。

　大半の受験生は「問題が解けたかどうか」という目線を持っていますが、難関校受験に成功する受験生は、その目線に加えて「一定の時間内に解けたかどうか」という目線も持っている傾向があります。

　一定の時間内に解けたかどうかは、結局のところ、再現性があるかどうかということにつながります。難関校合格者の多くは、その目線を持つことで再現性のある学習を行っています。

6章 ▶▶ 算数の学習法3（6年前期）

　普通の模試は多くの場合、50分の制限時間で約30問、つまり1分40秒で1問を解くという作りになっています。

　自宅学習で、ある問題を10分かけて解けたとします。その類題が試験に出た場合に1分40秒以内に解けるのであれば「再現性がある」ということになりますが、どうでしょうか。

　10分かけて解けたということは、それなりに苦戦したはずです。たまたま正解にたどり着いたという可能性もあります。その類題を短時間で解ける可能性となると、決して高くはないでしょう。

　一方で同じ「解けた」でも2分で解けた問題は、類題が試験に出た場合に1分40秒以内に解ける可能性は十分にあります。

　2分で解けたということは、十分に理解しているはずです。理解している上に、既に経験した作業（処理）を再現するだけなので、普通は少し時間が短縮できるはずです。逆に2分以上かかる可能性の方が低いでしょう。

　私は家庭教師で課題の確認テストをする際に、例えば1問5点満点とすると、2分以内に正解したら5点、2分を超えて4分以

内に正解したら3点、4分を超えて正解したら1点、といった採点をすることがあります。

この採点方法には、時間度外視の正解・不正解による評価ではなく、類題が試験に出た場合に対応できるかどうか（再現性があるかどうか）によって評価するという意図があります。

理解の状況が「時間をかければ解ける」というレベルだと、この採点方法では40点前後の結果になることがあります。逆にこの方法で80点以上とれている受験生は、多くの場合、模試でも突出した成績を残しています。

時間を意識することは、すべての受験生にとって必要なことですが、特に難関校受験生は強く意識していく必要があります。

6－7：古い過去問は早めに解いてよい

　受験生の多くは、6年後期に過去問演習を始めてから「点が取れない」という壁に当たり、得点力（点をとる技術、詳細は7章で解説）の必要性についても理解できるようになります。

　6年後期からでも間に合うことは多いのですが、難関校受験を有利に進めるためには、できれば6年前期から得点力の感覚を身につけておきたいところです。そして、そのためには過去問を早い時期から始める、というのも1つの方法です。

　6年前期から過去問を解くと聞くと「早すぎるのではないか（十分に解けない状態で取り組んでも意味がない）」「直前期の実力測定のために残しておくべきではないか」と思われる方も多いと思います。

　過去問演習は6年生の9月頃から開始するのが一般的で、塾からも多くの場合、そのように指定されます。基本的には、塾の方法に従う方が良いでしょう。

　個人的には、難関校受験生の場合、本命校の過去問を入試1年前に（経験として）1回分行い、6年前期に少し（2ヶ月に1回分程度のペース）行うのが理想的だと思います。万人向けではありませんが、仕上がりの早い受験生には有効な方法です。

6章 ▶▶▶ 算数の学習法3（6年前期）

　過去問演習において、盲点になりがちなのは「直前期のために残しておいた過去問が終わらない」ということです。つまり未実施の過去問が残った状態で入試本番を迎えるということですが、そうならない受験生の方が少ないのではないでしょうか。

　6年後期は時間の確保が難しく、本命校の比較的新しい過去問（直近数年分）を行うだけで手一杯になる傾向があります。特に複数日程で入試を行う学校の場合、1年分といっても2、3回分ありますので、その分、時間がかかってしまいます。

　各個人の状況にもよりますので、一律に過去問の実施方法を指定することは難しいのですが、大半の受験生にとって有効なのは「古い過去問を早めに解く」という方法です。

　例えば、赤本（学校別の過去問集、声の教育社のものが有名）に収録されている過去問の内、本命校については最も古い方から1、2回分、本命以外の学校については古い方から半分程度は、6年前期に行っても良いかもしれません。

　6年後期は、思っている以上に時間が取れないものです。無理をして6年前期に取り組む必要はありませんが、普段の模試でそれなりの結果が出ているのでしたら、時間に余裕のある内に少しずつ進めておく方が効率的です。

6−8：早めに「本番」を経験して目線を高くする

前項で「入試1年前に本命校の過去問を1回分行うのが理想的」と書きましたが、四谷大塚は「入試同日体験受験」という企画を2015、2016年の2月1日に実施しています。開成、桜蔭の入試問題に新6年生が挑戦するというもので、私が教えている生徒さんも参加しましたが、正直、これは良い企画だと思います。

入試1年前に難関校の入試問題を解くわけで、普通は合格点にはほど遠い結果しか出ません。「そんな無謀なことをしても自信をなくすだけ」「過去問は直前期まで取っておきたい」という考えで、この企画を敬遠する受験生も多いと思います。確かにそういう考えも否定できないですし、企画に参加することが裏目に出る（自信を喪失するなど）かもしれません。

ただ厳しい言い方をすれば、もしこの企画で自信を喪失して頑張れなくなるのであれば、能力的な問題はさておき、性格的には難関校受験に向いていない可能性があります。

難関校受験生にとって、入試1年前に「本番」を経験するメリットの1つは「早めに現在地を確認できる」ということです。

例えば普段の模試で好成績を取っていると、無意識の内に慢心してしまいがちです。しかし入試1年前に本番の問題を解くと、合格ラインまでには圧倒的なギャップがあり、今後1年間で気が

遠くなるほど実力を上げていく必要がある、という現実を突き付けられます。

　大半の難関校受験生は、6年後期に学校別模試や過去問演習で現実を突き付けられますが、それを半年以上早く経験することになります。6年前期を「慢心した状態」と「緊迫感のある状態」のどちらで過ごすかによって、学習の質は大きく違ってきます。

　もう1つのメリットは「目線が高くなる」ということです。「他の難関校受験生とは少し違う次元で勝負できるようになる」と言い換えてもいいかもしれませんが、これは大きな武器になります。

　例えば、私は受験生の解法を見て「その問題を解く分には良いけれど、ある程度以上のレベルの問題には苦しくなる。こちらの解法も習得しておく方が良いよ」と伝えることがあります。

　このアドバイスは、普通の受験生には響かないことが多いのですが、「本番」を経験して目線が高くなった受験生は熱心に聞いて実践してくれる傾向があります。

　適切な例えになるか分かりませんが、一流のスポーツ選手が国内大会で優勝しても「こんな内容では世界大会で通用しない」と考え、さらに改善しようとする意識に近いかもしれません。

6−9：独自の解法は伝え方に注意する

　算数の得意な受験生は、模範解答で紹介されるようなオーソドックスな解法ではなく、独自の解法で問題を解いてしまうことも多々あります。彼らの途中式を見て「？」となることもありますが、口頭で説明してもらうと非常に筋が通っていたり、面白い発想をしていることが少なくありません。

　ただ、注意しなければならないのは、独自の解法は途中式の記述が不十分だと、得られるはずの部分点がもらえなくなるリスクも高いということです。

　難関校の多くは途中式の記述があり、そこで部分点を拾えるかどうかが合否を左右します。「部分点が重要だから、途中式をしっかり書きなさい」と言うのは簡単ですが、その加減は難しく、頭を悩ませる受験生は多いものです。途中式を丁寧に書くという意識が強すぎると時間をロスしてしまいますが、かといって記述が不十分だと部分点がもらえなくなるかもしれません。

　ここで、オーソドックスな解法の場合、採点者に思考のプロセスが伝わりやすいというメリットがあります。メモ程度の記述であっても、採点者に「あの解法」ということが伝われば、部分点がもらえる可能性は高くなります。

一方、独自の解法で解いた場合、採点者に思考のプロセスを伝えるためには(普通の解法以上に)十分な記述が必要になります。メモ程度の記述では採点者に意図が伝わらず、部分点がもらえなくなる可能性があるからです。

独自の解法で解くことは、決してそれ自体が悪いわけではありません。実際、それで筑駒や開成に合格した受験生を何人か見てきました。ただ、彼らに共通しているのは、最終的には独自の解法を「採点者に分かりやすく伝える」技術を身につけていたということです。

独自の解法で解く傾向のある受験生は、それを伝える技術を身につけることも早い時期から意識していく必要があります。

7章

算数の学習法4
（6年後期）

7－1：普通の模試の優先順位を下げる

　他の難関校受験生に対して遅れをとってしまっている場合、その遅れを取り戻して難関校に逆転合格することは、現実的にはなかなか難しいものです。

　実は遅れがあっても、6年後期になり、サピックスのサピックスオープン、四谷大塚の合不合判定テストなど、普通の模試（全受験生対象の模試）の成績が上がる受験生は少なくありません。

　成績が上がったことで手応えを感じ、意気揚々と難関校受験に挑む受験生も多いのですが、6年後期に普通の模試の成績が上がるのは、必ずしも良い兆候であるとは限りません。

　最終的に難関校に合格した受験生には、6年後期に普通の模試の成績が少し下がっていたという例が意外に多く、その逆（6年後期に成績が上がり、難関校に不合格になる）の例も少なくありません。

　大半の難関校受験生は、6年後期には既に一通りの学習が終わり、志望校対策に特化した学習を進めます。難関校は、普通の模試に比べて問題の質が重く、途中式の記述を要求されることも多い、といった違いがあります。当然、試験での時間の使い方も難

関校と普通の模試では違ってきます。

　志望校対策に特化した学習を進めると、志望校の問題での時間の使い方が上手くなる反面、普通の模試で高得点をとるための感覚が鈍り、以前よりも成績が下がってしまうことがあります。

　成績だけを見ると「実力が落ちているのではないか」と不安になりそうですが、その原因が「体質の変化」によるものであれば、むしろ計算通りだと言えます。

　最もまずいのは、６年後期になっても志望校対策に特化した学習を行わず、普通の模試では成績が上がる反面、学校別模試や過去問では結果を出せないという状況です。そこからの成功例もありますが、成功率はかなり低くなります。

　難関校受験生は、６年後期からは普通の模試の優先順位を下げて、その分、過去問や学校別模試に照準を合わせていくことをお奨めします。

7－2：学校別模試は必ず受ける

　難関校受験生にとって、学校別模試は最も重要な模試で、ある程度は無理をしてでも受けておきたいところです。

　最終的に受験校を決定する際、合格可能性は不可避な判断材料ですが、その合格可能性を最も正確に確認できるのは学校別模試です。（学校別模試、過去問、普通の模試の順で当てになります。）

　「学校別模試が最も重要」と言われても、ピンとこない受験生や親御さんもいます。例えば、サピックスオープンや合不合判定テストで志望校の合格可能性が80％や20％などと出て、必要以上に安心したり、不安になっている受験生や親御さんは多いものです。

　難関大学の受験経験がある親御さんには、学校別模試は大学入試で言えば東大模試などの大学別模試にあたるもの、と説明すると伝わるかもしれません。

　例えば、東大志望の高校生が一般向けの模試（河合塾の全統模試など）で東大Ａ判定が出ても、普通は「これで東大に受かる」と本気では思わないでしょう。それよりも、東大オープン模試でのＢ判定の方が現実的な合格可能性を感じることができます。

7章 算数の学習法4（6年後期）

　首都圏の場合、学校別模試の中でも信頼性が最も高いのはサピックス学校別模試です。模試受験者の母集団が実際の入試に最も近いというのが最大の特長で、サピックス以外の塾生も出来る限り受験しておきたいところです。

　問題そのものは難易度が高すぎる場合もあり、必ずしも本番に最も近いとは言い切れません。ただ、実際の入試本番での結果との相関を見る限り、ここで出される合格可能性は最も的確だと感じます。

　「学校別模試より過去問の方が（本物なので）判断材料になるのではないか」と思われる人がいるかもしれませんが、入試結果との相関を見る限り、過去問の結果と入試結果が一致しないことは意外に多いものです。

　もちろん学校別模試と過去問の両方で良い結果が出れば理想的です。ただ、学校別模試は悪いけれど過去問は良いという場合には、過去問の結果を鵜呑みにするのは危険かもしれません。

7－3：「不合格可能性」を意識する

　難関校受験生にとって学校別模試は最も有力な判断材料になりますが、その結果について冷静に判断することも大切です。

　例えば「合格可能性60％」という判定が出た場合、大半の受験生は「60％」という数値に注目します。もちろん、それ自体は間違いではないのですが、さらに冷静な判断をするためには「不合格可能性」にも注目する必要があります。

　「合格可能性60％」は、裏を返せば「不合格可能性40％」で、10回受験すれば4回は不合格になるということです。合格可能性の方に注目すると「十分にいける」と楽観視してしまいそうですが、不合格可能性の方に注目すると「結構、厳しいのではないか」と悲観的になるのではないでしょうか。

　これが「合格可能性80％」の場合では「余程のことがなければ合格できる」という気分になりがちですが、10回受験して2回は不合格になると考えれば「それほど安全でもない」と感じるかもしれません。もちろん逆の場合もあって、例えば合格可能性20％の場合に「10回受験すれば2回は合格する」と前向きに捉えることもできます。

7章 ▶▶ 算数の学習法4（6年後期）

　大切なのは「合格可能性」と「不合格可能性」の両方を意識して、これから挑戦しようとしていることに、どの程度の可能性とリスクがあるかを冷静に見極めるということです。

　現実的な話をすれば、本命校の受験を合格可能性80％の状態で迎えられる受験生は少数派です。合格者の半数が、合格可能性40〜60％の範囲だった（つまり、当日の出来次第で合格、不合格のどちらに転ぶ可能性もあった）ということもあります。要するに、本命校の受験については大半の受験生が「ある程度のリスク」を背負っていることになります。

　可能性とリスクを冷静に見極めている受験生や親御さんは、慢心したり無駄に不安になることがなく、入試本番まで安定した精神状態で最善を尽くすことが多いと感じます。

7－4：上位層ほど最後に加速する

　私は「早期完成型」の対策を奨めることが多く、特に難関校を目指す受験生に対しては「先取り」を奨めたり、余力があれば少し早くても応用に入り、どんどん取り組んでもらっています。

　ただ、中にはこういう「早期完成型」の学習法に抵抗を示す親御さんもおられます。特に御自身が高学歴で、大学受験時代に勉強を部活動を両立させて「最後の追い込み」で成功した、という成功体験のある親御さんにそのような傾向があります。

　早い時期に無理をして上位にいた受験生は最後に息切れして失速する、逆に力を温存していた受験生は最後に猛烈な勢いで加速して（息切れした受験生を）逆転する、という青写真を描かれている親御さんも少なくありません。

　実際、追い込み型の受験対策によって、中堅校受験や上位校受験で厳しいと思っていた学校に逆転合格したり、難関校受験でも数値（受験者平均点など）非公表の学校については奇跡的とも言える逆転合格を達成する例があります。

　一方で、大半の難関校受験や、数値非公表でも（筑駒や桜蔭などの）最難関校については、追い込み型の受験対策が通用する例

は非常に少ないものです。「逆転合格」に見えても、決して「大逆転」ではなく「小逆転」程度であったりします。

　追い込み型の受験生にとって誤算になりがちなのは、早い時期に上位にいた受験生ほど（失速する例もありますが）基本的には直前期に加速する傾向があるということです。

　これは、知識が蓄積されるほどその知識が「潤滑油」になり、新しい知識の吸収や応用レベルの理解が楽になるということも影響しています。

　例えば、私は難関校受験生には「中学への算数」を3年分やってもらっていますが、1年目に要する負担を10とすれば、2年目は7、3年目は4という感じで、後になるほど楽になります。

　これは、1年目を終えることで荒削りながらも土台が整備されるため2年目の負担が軽くなり、2年目を終えるとさらに土台が整備されるため3年目の負担が軽くなる、ということが原因になっています。

　追い込み型の受験生が1年目を10の負担で行っている時、上位層の受験生は3年目を4の負担で行っていたりします。追い込

み型の受験生にとっては、負担が重いだけでなく、苦労している割に追いつけない（逆に差が開くことも多い）という状況になります。「中学への算数」を例に挙げましたが、他の課題についても似たようなことが起こっています。

さらに上位層の受験生は直前期の数ヶ月で、6年夏の時点では曖昧な理解に終わっていた内容や断片的だった知識が深い所で繋がってくることが多くなります。理解や知識を「熟成」させると言っても良いかもしれません。

追い込み型の受験生が直前期に新しい知識を吸収することに追われている一方で、上位層は熟成の段階に入り、違う次元で勝負をしている感じになります。

追い込み型での「逆転合格」という青写真を描く親御さんは、直前期に理解や知識を熟成させることの重要性を理解していなかったり、そもそも熟成という発想がないことも多いものです。

7－5：純粋な実力以上に得点力を意識する

　私は「純粋な実力」と「得点力」という2つの視点から受験生の実力を把握しています。問題が解けるかどうかは「純粋な実力」、それを試験で得点に結びつけられるかどうかは「得点力」ということになります。

　難関校受験生に意外に多いのは、純粋な実力は高いけれど得点力は低いというケースです。そういう受験生は見ていて「もったいない」と感じますが、そのままの状態で入試本番を迎えてしまうと成功する確率は低くなります。

　難関校受験生は、5年生までは（基本的には）純粋な実力を高めることを意識していれば良いのですが、6年生からは得点力への意識を高めていく必要があります。特に6年後期からは、純粋な実力以上に得点力を意識しなければなりません。

　得点力は「時間配分の最適化」と言って良いかもしれません。純粋な実力は同じでも、問題を解く順番や各問題への時間のかけ方次第で、その試験の結果（得点）は想像以上に違ってきます。

　時間配分の基本は「解きやすい順に解く」「難しい問題は飛ばす」の2つですが、頭では理解していても実践できる受験生は非常に

少ないものです。

　私が過去に関わった難関校合格者でも、短期間の訓練で時間配分の基本を実践できていたのは 10 名中 1、2 名程度で、大半は数ヶ月かけて実践できるようになりました。

　よく「テスト前に注意しても、時間配分を失敗する」という話を聞きますが、正直、それで成功するなら苦労しないと思います。それくらい時間配分の技術は習得するのに時間がかかります。

　得点力は意識して訓練しなければ、なかなか鍛えられないものです。特に難関校受験生は注意する必要があります。

7−6：「捨て問」を作ることも必要

　前項で時間配分の基本を書きましたが、その応用ともいえるのが「捨て問」を作るということです。

　中学入試の算数は、基本的には「満点が取れる試験」ではありません。難関校受験生が本命でない学校の試験で満点を取れてしまうことはありますが、本命校の試験で満点を狙うのは現実的ではありません。

　本命校の試験では「難しい問題を捨てる」という意識（割り切り）も必要になります。例えば、ある大問の（3）は極度に難しいけれど（1）（2）は解けるという場合に、（3）は捨てて（1）（2）を確実に得点する、という感じです。

　よく「選択と集中」という言葉を使いますが、中学入試の算数でも「捨て問を作ることで、取れる問題に十分な時間を配分して、結果的に全体の得点を上げる」という意識が必要です。

　しかし「捨て問を作ることも大事ですよ」と言って、ストレートに伝わることは少ないです。仮に「確かにそうですね」と頭では理解してもらえても、本当の意味で実感してもらうことは難しいものです。そもそも前提として、捨て問の意識は完成度が比較

7章　算数の学習法4（6年後期）

的高い受験生にとって意味を持つということもあります。

　完成度の低い受験生が捨て問を意識しても、難関校の入試問題では半分以上が捨て問ということになりかねません。その状況なら「どの問題を捨てるか」ではなく「どの問題が解けるか」ということに焦点を当てるべきかもしれません。

　完成度の高い受験生でも、6年前期までは捨て問の感覚を理解するのは難しいものです。そのレベルの受験生は、解ける問題を成り行き任せに解くという方法でも、普通の模試では十分に結果が出てしまい、その状況で捨て問の話をされてもピンとこないことが多いからです。

　6年後期になり、学校別模試や過去問演習が始まると、例えば普通の模試で偏差値70を取っていた受験生が、学校別模試や過去問では100点満点で30点しか取れない、ということが多く起こります。

　その場合、仮に30点しか取れなかったとして、本当は60～70点取れる実力があるということが少なくありません。要は「得点する技術」が未熟で、普通の模試であればごまかせていたけれど、難関校の問題になると通用しなかったということが多いです。

その「得点する技術」で、最終的に必要となるのが「捨て問を作り、取れる問題に十分な時間を配分する」ということです。

　例えば、制限時間50分で問題数15問の試験だと、1問あたり3分20秒ということになります。ただ、実際は難しい問題ほど時間がかかることが多いので、15問の中に難しい問題が3問あれば、それ以外の12問に30分（1問あたり2分30秒）、難しい3問に20分（1問あたり6分40秒）という感じになるとします。

　仮に、その3問を「捨て問」として手を付けず、残りの12問に50分を使えば、1問あたり4分10秒ということになります。最初の時間配分に比べて1問あたりの時間が1分40秒増える計算になりますが、言うまでもなく、ミスをする確率は下がります。

　易しい12問の平均正解率が80％、難しい3問の平均正解率が20％とすると、易しい問題を1問ミスすると、実質的には0.8問を失うことになります。一方で難しい3問をすべて落としても、実質的には0.6問を失うことにしかなりません。つまり「全体の得点を上げる」という意味では、難しい3問を捨てて、易しい12問を確実に得点する方が効率的だということになります。

7−7：解いた過去問の活用法

入試直前期になると「同じ過去問を何度か繰り返す方が良いですか」という相談を受けることがあります。一度は解いている(場合によっては復習まで済ませている)過去問を、再び時間を計って取り組むべきかどうかで悩む受験生は多いものです。

例えば制限時間50分の過去問を、再び同じ制限時間（50分）で解き直している受験生は多いと思います。決して意味のない方法ではありませんが、直前期の限られた時間の中で行うことを考えると疑問があります。

過去問を行う目的は（実施時期、回数に関係なく）「現状を診断して、それを作戦に反映させる」ということです。この意識を持って過去問を繰り返せば、解いた過去問を最大限に活用することができます。

一例として「入試日程は2月1日、制限時間50分、目標得点70点（100点満点）、8月に実施して40点」という過去問を11月に再実施する場合の取り組み方を説明します。

50分で全問題を解き直すというのは、効率が悪いだけでなく、正確な状況が得られるわけでもない（初見ではないため）という

ことで、あまり意味のない方法です。

　過去問を再実施する最終的な目的は「的確な作戦を立てる」ことにあり、そのための現状診断という位置づけです。そして現状診断では「短時間で"ある程度"正確な状況を確認する」ことが必要になります。

　その目的を達成するためには「1回目に解けなかった問題（60点分）の内、現時点で解けそうな問題を行ってみる」という方法が効率的です。例えばそれで20点分が解けたのであれば、以前に解けていた40点に加えて「現状では60点がとれる」という計算になります。

　目標の70点に到達するためには、あと10点が必要ということになります。ただ、入試まで2ヶ月以上あり、実力の自然増が見込めることを考えると、決して悪くない状況だと言えます。現在の学習法も大幅に変更する必要はないでしょう。

　過去問を再実施することで、得点とは別に感覚的な情報も得られます。例えば「以前より、速さの問題が解きやすくなっている」「立体の問題は解いていて苦しい」といった感じです。

7章 ▶▶ 算数の学習法4（6年後期）

　特定の分野について不安を感じる場合は、例えば「中学への算数」で、その分野の問題を集中的に取り組むといった方法が考えられます。

　過去問を再実施すると、1回目に実施した時に比べて（解ける問題が増えて）余裕が出るため、試験全体が見えやすくなることも多いものです。

　問題、答案（正誤状況）、各問題の配点を改めて確認した上で「目標得点をとるための設計図」を考えてみることは、得点力を磨くという意味では効果的な方法です。

　いずれにしても、解いた過去問を正しい方法で再実施すれば、費やした時間の割に多くのものが得られます。

7－8：練習校を受験することの意味

　首都圏の大半の受験生にとって、本命校の入試は2月1〜3日に実施されますが、練習（試験慣れ）目的で1月入試を利用する人も多いのではないでしょうか。

　練習校の受験については、プロの受験指導者でも意見が分かれるところです。練習校を多く受ける方が良いという考えもあれば、少ない（あるいは受けない）方が良いという考えもあります。

　個人的には、練習校をいくつか受ける方が成功率は上がると感じています。実際、当初は練習校受験に消極的だった親御さんから、志望校に合格した後に「練習校を受けて良かった」という感想を聞くことも多々あります。

　ただ、そもそも「試験慣れのための受験」という発想は、一般的ではないかもしれません。練習校の話をすると「受ける必要があるのですか？」という反応をされることもあります。

　練習校受験に否定的な人は、通う可能性のない（低い）学校を受けるのは時間と体力のロスでしかない（その分の時間で本命校の対策ができる）、または、練習校に合格することで気がゆるむ（本命校の受験に向けて頑張れなくなる）、のいずれかの根拠であ

ることが多い印象です。

　後者（気がゆるむ）については、練習校受験の実例を多く見てきましたが（私が関わった難関校受験生の9割以上は練習校を受験します）、まず心配ないというのが実感です。

　確かに押さえの学校に合格して少し気がゆるむ（開成や桜蔭を目指す受験生が渋幕に合格した場合など）ことはありますが、それは有力な進学先が確保できたことによるもので、試験慣れ目的の練習校とは事情が違います。仮に練習校に合格しても、基本的には「有力な進学先」にはならないため、それが原因で気がゆるむということは少ないものです。

　一方で、前者（時間と体力のロス）については一理あります。個人差がありますが、受験生によっては練習校を必要最低限に絞る方が適している可能性もあります。

　ただ、練習校を多く受けることが致命傷になる場合は少ない（というより、ほとんどない）のですが、練習校を十分に受けないことが致命傷になる場合は少なくありません。

　実際に練習校を受けた受験生の多くが口にするのは、思ったよりも緊張して本来の実力が出せなかったということです。特に受

験会場の異様な雰囲気に飲まれて、不安定な精神状態で試験に臨んでしまったという話が多いものです。

本番に強いかどうかには個人差があり、1校目の受験で普通に実力が出せる受験生もいれば、4校目で初めて本来の実力が出せる受験生もいます。平均すると2、3校目で実力が出せるようになる受験生が多いのではないでしょうか。

1校目で実力を出せる受験生は多く見積もって20%程度であるのに対して、4校目までに実力を出せる受験生は90%程度だというのが私の実感です。つまり、本命校の前に練習校を3校受けておけば、かなりの確率で、本命校入試では本来の実力が出せることになります。

練習校受験のもう一つの効果は、その経験が「カンフル剤」のような役割を果たし、直前期の実力の伸びを加速させてくれるということです。

練習校とは言え、本物の入試は模試とは違うスリリングな経験であり、良い意味での緊張感が生まれることが多いものです。直前期は学習の質が上がることが多いのですが、練習校受験が良い意味で刺激になれば、それがさらに加速されます。

8章

その他

(過去の執筆記事など)

8－1：「ミス」には4種類ある

　大部分の受験生は「ミスが多い、ミスをなくしたい」という悩みを抱えていますが、ミスの種類を把握して、その種類に合わせた改善策をとっている受験生は少ないと思います。ミスが多いという場合、主にA～Dの4種類の状況が考えられます。(本当の意味でのミスはA～Cの3種類です)

　A：凡ミス（性格・習慣的なことが原因）

　集中力が欠ける（性格）、雑に処理してしまう（習慣）といった性格・習慣的なことが原因となるミスで、本当の意味での「凡ミス（ケアレスミス）」と言えます。問題のレベルに関係なくミスをする（基本問題でも応用問題でも同じようにミスをする）という特徴もあります。もともと苦手意識を持っていたり、モチベーションが比較的低い受験生に多く見られます。

　大人からすれば「注意すれば防げるのに」と思うのですが、体質的なことは意外に根が深く、改善するのに時間がかかることが多いです。改善策は「家庭学習の中で丁寧に解く習慣をつけていく」ということになります。計算の書き方、見直しの徹底など、凡ミスを防ぐための手段を毎日の学習で実践していくことが必要です。

B:実力不足によるミス

　一見「ケアレスミス」に思えるのですが、実は実力不足が原因になっていることもあります。基本問題ではミスが少なく、応用問題になるとミス（解けないのではなく、解ける問題で計算ミスなどをする）が増えるという特徴があります。要は「余裕のないレベルになるとミスが増える」ということです。強い苦手意識はなく、それなりに自信を持っている受験生に多く見られます。

　例えば1問平均3分で解ける実力があれば、本人的には「できる」という感覚があります。しかし普通の模試は1問平均1分40秒～2分しか時間がなく、そのペースで解こうとすると確実にミスは増えてしまいます。厳しい言い方をすれば、「3分で解ける実力」はあっても「1分40秒～2分で解ける実力」はないということになります。

　改善策は「純粋に実力を上げていく」ということになります。特別なミス対策は行わず、オーソドックスに課題に取り組んでいくと良いでしょう。大変そうに思えるかもしれませんが、努力に比例した結果が（そのまま）得られるという意味では、確実に改善できる状況だと言えます。

C：凡ミス（メンタル的なことが原因）

プレッシャー等のメンタル的なことが原因となるミスです。普段の学習ではミスが少ないのに、模試になると「どうしてこんなミスをしたのだろう」という初歩的な凡ミスをしてしまうというのが特徴です。要は「家ではできることが模試になるとできない」ということです。優等生タイプで、本来の実力的にはもっと高い成績がとれていいのに、実際の模試では結果が出ないという受験生に多く見られます。

改善策は「模試で精神的な余裕が生まれることを目指す」ということになります。普段の学習において、課題ごとに短い制限時間を設定する、応用問題に多く触れるなど、模試よりも厳しい状況を経験することで、実際の模試では少し余裕を持てるようになることがあります。

D：ミスではない

本当は理解できていないのに、ミスとして片付けていることもあります。よく「これはミスしただけだから、大丈夫」という受験生がいますが、実際は「そもそも理解していない」ということが少なくありません。理解できていないのにミスで片付ける（本

当は解けるがミスをしただけだと思い込む）→類題が出る→また解けない、という感じで、同じパターンで何度もミスを繰り返すという特徴があります。

　要は「理解できていない」と「ミス」の区別がついていないということです。幅広いレベルの受験生に見られますが、成績上位になるほど、少なくなる傾向があります。改善策は「理解していないことを自覚して、根本的な理解を目指す」ということになります。これもBと同様、確実に改善できる状況だと言えます。

＊　　　　＊　　　　＊

　ミスに悩んでいる受験生の親御さんに話を聞くと、実力不足によるミス（Bの状況）なのに「もっと注意して解きなさい」といった指示を出すなど、ミスの種類・状況に合った改善策をとっていないことが多いと感じます。ミスを改善しようと思ったら、まずはミスの種類・状況を特定することから始めてみることをお奨めします。

8−2：「課題の2割カット」で得られる効果

「十分な時間をかけても課題を消化しきれない」という悩みを抱えている受験生は多いと思います。特に6年生は量だけでなく学習内容の難易度も上がり、行き詰まりを感じている方も多いでしょう。そういう方にお奨めしたいのは「課題を2割カットする」という方法です。

自分に合う難易度の課題であれば、全体の8割程度がスムーズに進み、2割程度が消化に時間がかかる傾向があります。多くの方は全体を残さず理解しなければならないという感覚を持っていますが、実はその2割をカットして別の課題に差し替える方が学習効率は上がります。

「課題を2割カットすれば時間も2割カットされる」と思われるかもしれませんが、実際はそれ以上の時間がカットされます。例えば40分で10問の課題を行う場合、実際は各問題に4分ずつかかるわけではなく、易しい8問に20分、難しい2問に20分といった配分になる傾向があります。つまり難しい2問をカットすれば、半分の時間をカットできることになります。

また難しい問題ほど解説を読んでも表面的な理解に終わり、少し変形されると対応できなくなる傾向があります。時間をかけて

苦戦することで達成感は得られますが、それに見合った成果が得られないことも多々あります。（頑張っているのに報われないと感じている受験生の多くは、このような状況に陥っています。）

しかし1、2ヶ月後に同じ課題に取り組むと、当時はどうしても理解できなかった内容がスムーズに理解できることが少なくありません。1、2ヶ月の間にその問題の理解を助ける知識（一段階手前の知識、関連する知識など）に触れたことが原因になっていることも多いのですが、そうなれば結果的に難しい課題をカットした（寝かせた）ことが正解だったと言えるでしょう。

受験勉強は（特に高いレベルでは）時間との勝負になりますが、課題の2割カットで常に時間の余裕を作ることの価値は想像以上に大きいものです。比較的すぐに実行できて即効性もある方法ですので、課題の消化不良で悩んでいる方は、試してみることをお奨めします。

8−3：「正答率別状況」による分析

　私は家庭教師で生徒の算数の状況を確認するのに「正答率別状況」（正答率ごとの正解数・不正解数）のデータをとっています。例えば、直近のテスト3回分（各回の問題数は30問程度）で、受験者の正答率が70%以上80%未満の問題について、正解数が8問、不正解数が2問だとすると、「70%〜：8−2」という感じで表します。また、区分ごとの状況を、次のA〜Cで表します。

A：ほぼ解ける
B：解けるものもあれば解けないものもある
C：ほぼ解けない

　実際に例を挙げて、分析してみます。主なチェックポイントは「Cの範囲」「A：Bの比率」の2点です。

＜例1＞

　　90%〜：　3− 0 → A　　　40%〜：　5− 8 → B
　　80%〜：　7− 0 → A　　　30%〜：　4− 4 → B
　　70%〜：　9− 1 → A　　　20%〜：　1− 6 → C
　　60%〜：10− 1 → A　　　10%〜：　2− 9 → C
　　50%〜：　7− 1 → A　　　 0%〜：　0−12 → C

＜例2＞

　　90%〜：　3 − 0 → A　　　40%〜：　6 − 7 → B

　　80%〜：　6 − 1 → A　　　30%〜：　3 − 5 → B

　　70%〜：　8 − 2 → A　　　20%〜：　3 − 4 → B

　　60%〜：　9 − 2 → A　　　10%〜：　4 − 7 → B

　　50%〜：　5 − 3 → B　　　 0%〜：　1 − 11 → C

＜例3＞

　　90%〜：　3 − 0 → A　　　40%〜：11 − 2 → A

　　80%〜：　7 − 0 → A　　　30%〜：　7 − 1 → A

　　70%〜：10 − 0 → A　　　20%〜：　4 − 3 → B

　　60%〜：10 − 1 → A　　　10%〜：　5 − 6 → B

　　50%〜：　7 − 1 → A　　　 0%〜：　2 − 10 → C

　Cの範囲は「応用力」（難しい問題に対応する力）の目安になります。Cの範囲が狭いほど「手が出ない」問題が少ないということになります。例1ではCの範囲が3段階（0%〜、10%〜、20%〜）であるのに対し、例2、3では1段階（0%〜）となっています。

　もし3人とも難関校を目指すとすれば、例2、3は応用力については大きな問題がありませんが、例1は（現時点では）応用力

に少し不安を抱えていることが分かります。

　A：Bの比率は、Aの割合が高いほど、本来の実力に応じた成績が取れている（完成度が高い）ということになります。例1、3は問題ないのですが、例2は本来の実力に応じた成績が取れていない（完成度が低い）ことになります。

　例1 → A：B＝5：2（Aの割合は71％）
　例2 → A：B＝4：5（Aの割合は44％）
　例3 → A：B＝7：2（Aの割合は78％）

　また、集中的に課題に取り組んで実力の底上げを行った場合、例1、3は実力の上昇に応じて成績も上がる可能性が高いのですが、例2は実力の上昇が成績に十分に反映されない可能性もあります。例1、2は、成績上は全く同じ（90問中48問正解）ですが、実際の状況は大きく違い、とるべき対策も変わります。

　今回の「正答率別状況」は一例ですが、このようにデータをとって確認することで、見えてくることもあります。

8 − 4：リズムを意識する

受験勉強において「良いリズムを作る」ことは重要です。良いリズムを作ることで学習の質・量は向上し、テストでも実力を発揮しやすくなります。

調子が良いときはリズムも良く、逆に調子が悪いときはリズムも悪いというのは（余程の例外を除いて）改めて言うまでもないことです。調子は良いけれどリズムは悪い、ということはまずありません。

リズムを良くするというのは、調子が良い状態を人工的に作るという感じになります。逆にリズムを悪くしてしまうことは、わざわざ調子が悪い状態を人工的に作っていることになります。

リズムを良くする方法は色々ありますが、その中で最も手っ取り早いのは「簡単なものから手をつける」ということです。そんなことならもうやっていると思われるかもしれませんが、徹底して習慣的に実行している人は少数です。

例えば、算数の計算問題や一行問題を朝の習慣として行っている人も多いのですが、個人的には（塾のない日の）夕方以降の学習の冒頭でウォーミングアップとして行うのが効果的だと思いま

す。そこに10分かかったとしても、リズムが良くなってその後の学習効率が向上すれば、投資した時間（10分）以上の成果が簡単に得られます。

テストにおいても簡単な問題から手をつけることでリズムが良くなり、残りの問題に好調な状態で取り組めるようになります。逆に難しい問題から手をつけてしまうと、リズムは一気に悪くなってしまいます。

大切なのは「自分にとって簡単な問題」から取り組むということです。例えば、計算問題よりも楽に解ける問題があれば、そこから解いても構いません。必ずしも計算問題を最初に解く必要はないのです。

特殊な例になりますが、計算問題については「温存する」という方法もあります。まず（計算問題以外の）簡単な問題から解いた後、残りの問題を解いていき、行き詰まったところで計算問題に取りかかる、という方法です。

問題を解いて行き詰るとリズムが悪くなりますが、そこで計算問題に取り組めば「リズムを整える」ことができます。計算問題には複雑で時間のかかるものもありますが、解法そのものがわか

らないということは、まずありません。とにかく「解答できた」という形を作ることで、崩れかけたリズムを立て直すことができます。万人向けではありませんが、こういった方法が有効な受験生もいます。

　算数を例に説明しましたが、例えば大学受験の英語でも、配点の高い長文問題から手をつけるより、文法問題を先に解いてリズムを整えてから長文問題に入る方が良い結果が出やすい、という経験のある方もおられるのではないでしょうか。

　リズムを意識して方法を工夫することで、受験勉強を効率的に進めていくことができます。今まで意識していなかった方は、これを機会に意識されてみてはいかがでしょうか。

8−5：リミットが早まっている

　中学受験指導をしていて感じるのは、リミット（いつまでにこれをやれば合格できるという期限）が少しずつ早まっているということです。

　わかりやすい例でいえば、30年前なら6年生から受験勉強を始めて灘、開成といった最難関校に合格する受験生も珍しくありませんでしたが、今（注：本記事は2013年に執筆）ではまず無理でしょう。

　同様に、30年前なら5年生から受験勉強を始めるのが平均的でしたが、今では3、4年生から始めるのが平均的です。5年生からの開始では大きなハンディを背負ってしまい、さらに6年生からとなると中堅校を目指すことも難しくなります。

　難関校受験生が「中学への算数」（以下「中数」）を開始する時期についても、リミットは早まっています。7、8年前は中数自体が今ほど普及しておらず、6年後期から開始しても十分なアドバンテージが得られましたが、今では6年前期から使用する受験生が多くなっています。

　6年前期から中数を始めるためには、その前段階の学習（「プ

ラスワン問題集」等）を5年後期に行う必要があり、さらにそのためには5年前期に基礎固めを完了させておく必要があります。

7、8年前なら基礎固めを5年後期までに行い、6年前期から難関校対策を始めても間に合うことが多かったのですが、今では少し苦しくなっています。

中堅校についても同様のことが言えます。7、8年前までは「四科のまとめ」レベルの内容を仕上げれば対応できていた学校が、今では「プラスワン問題集」レベルの内容を習得しておかなければ対応しきれなくなっているということが少なくありません。

だからと言って「四科のまとめ」が十分に定着していない状態で焦って「プラスワン問題集」に取り組み、断片的に解ける問題が増えても、体系的な実力は身につきません。「プラスワン問題集」を行うためには、それだけ早く「四科のまとめ」レベルの内容を仕上げて、基礎体力を身につけておく必要があります。

8−6：安全なＡ判定と危険なＡ判定

　学校別模試において、同じＡ判定（合格確実圏）でも「安全なＡ判定」と「危険なＡ判定」があると、私は考えています。

　たとえば少し極端な例ですが、次の２人の受験生（どちらもＡ判定）がいたとします。

（ア）算＋10、国＋10、理＋10、社＋10、総合＋40
（イ）算＋40、国＋10、理－５、社－５、総合＋40

（各科目の数字は、合格ラインの得点に対する「貯金状況」を表します。たとえば、その学校の合格基準偏差値が60で、それに該当する算数の得点が70点、自分の得点が80点の場合は「＋10」とします。）

　総合点を見れば２人とも余裕がありますが、上の方法で分類すれば（ア）は「安全なＡ判定」、（イ）は「危険なＡ判定」ということになります。

　理由は、理科・社会は得点の変動が小さい科目であるのに対して、算数・国語（特に算数）は得点の変動が大きく、常に模試と同じだけの「貯金」が作れるとは限らないからです。

もちろん、多くの学校では算数・国語の配点の方が理科・社会より高く、(イ)のように算数が上手く行けば理科・社会の穴は十分にカバーできます。また、算数が弱ければ、理科・社会のように「－5」といった、小さなマイナスでは済まなくなります。「合否に最も影響を与える科目」は、一般的に言われている通り、やはり算数ということになります。

 ただ、総合点（判定）が良いと、その時点で安心してしまいがちですが、各科目の状況によっては、必ずしもその結果が信用できないこともあります。特に（イ）のように「貯金」のほとんどを算数で作っている場合は、本番ではその貯金が十分に作れなかったことを想定して、理科・社会を強化しておく必要があります。

 実際、私が中学受験をした時にも、このことを経験しました。当時、通っていた塾（浜学園）から「合格可能性は90％以上」と言われ、模試でも総合点（3科目入試、500点満点）で30、40点の貯金があったのですが、後から冷静に考えれば、その貯金は算数だけによるもので、算数がなければ（総合点は）マイナスになる、という状況でした。本番では算数が不振で、ほとんど貯金は作れず、総合点でかろうじて引っかかったという感じでした。

こういうことは、頭では理解していても、またプロの指導者であっても、対応が難しいところです。たとえば、担当している生徒が6年生の11、12月に(イ)の状態になった場合、理想的な(ア)の状態に近づけるために、算数の勉強時間を減らし、その分の時間を理科・社会に集中させるという方法も考えられます。

　しかし、そうすることによって、必ず総合点が上がるという保証はありません。理科・社会は上がるかもしれませんが、それ以上に算数が下がる可能性もあります。それは、単純に「総合点が下がる」というだけでなく、「得意なはずの算数が出来なくなってきた」という不安を抱えた状態で、入試を迎えることになります。今まで通りに勉強して（イ）の状態を維持する方が、ある意味では、安全なのかもしれません。

　ここでは学校別模試を例に挙げましたが、他の模試、過去問等でも、同じようなことが言えます。総合点が良いと、理科、社会の「穴」は目立ちにくくなりますが、冷静に状況を分析することも必要です。

8－7：一時的に成績が下がる理由

　実力が上がっているにも関わらず、一時的に成績が下がることがあります。私が担当している生徒に多いのは、応用問題に手が出るようになったために成績が下がる、というケースです。

　多くのテストは、前半が基本問題、後半が応用問題という構成になっています。算数が苦手な子は、後半の応用問題に手が出ないことが多いのですが、その分、前半に十分な時間をかけられるため、基本問題を確実に得点して、悪くない成績を取ることがあります。（この段階をAとします。）

　そういう子が少し実力をつけると、後半の応用問題を見て「解けるかもしれない」と感じるようになります。それでも、まだその段階では（手を出したけれど）解けないということが多いのですが、後半で多くの時間を費やしてしまうと、前半の基本問題が疎かになります。すると、基本問題でミスを連発してしまい、テスト全体の成績は（実力が上がる前よりも）下がってしまうことがあります。また、この段階の子に多いのは、テスト終了後に「よくできた」と言って、成績が返却されると悪かった、というケースです。（この段階をBとします。）

　この段階を乗り越えて、さらに実力がつくと、応用問題を本当

に解けたり、時間配分を考えるだけの余裕が生まれたりします。(この段階をＣとします。)

　難しいのは、Ｂの段階での対応です。ミスを連発したことを責めたり、基礎が出来ていないと言って基本中心の学習に戻ることが多いのですが、そうすると目先のテストでの成績は上がっても、大きく伸びることは難しくなります。

　私がＢの段階で行っているのは、まずは褒めるということです。特に正答率の低い問題を正解していたり、途中まで解けていたら、そこを強調して褒めるようにしています。

　子供は、私が中学受験生だった時もそうでしたが、正答率の低い問題が解けると嬉しいものです。しかし、そのことを褒めてくれる人は少ないので、余計に（褒められると）喜んでくれます。

　大人は、どうしても問題が解けた、解けないという「目に見える成果」に注目してしまいますが、褒められることによって生まれる自信のような「目に見えない成果」も、その後の伸び方に大きく影響します。また、こういう褒め方をすると、子供との信頼関係が築きやすくなります。

それから、私はBの段階では、なるべく基本に戻らず、どんどん先に進めるようにしています。もちろん、根本的に内容を理解できていない場合は基本に戻って確認しますが、そのまま進めても何とかなると感じたら、進めてしまいます。

　感覚としては「60〜70％理解できたら、先に進む」という感じでしょうか。結局、その場その場で100％の理解を目指すより、長い目で見れば効率的だと感じます。

　成績が下がった時に、実際に状況が悪化していることもありますが、Bの状態になっていることは意外に多いものです。

8−8：教材を「潤滑油」として使用する

　英語の苦手な高校生が長文問題を学習していて、1行に2、3個の割合で知らない単語が出てくるのであれば、長文の学習を一時的に中断して、単語集を集中的に仕上げる方が効率的です。知らない単語が1行に2、3個も出てくる状態では、辞書を使用するにしても、例えば10行で20、30回も調べる作業が必要になり、時間のロスがあまりにも大きくなります。

　単語集を仕上げるのに1ヶ月かかったとして、それで知らない単語が2、3行に1個の割合になれば、辞書で調べる回数が減るだけでなく、英文を読む時のリズムも圧倒的に良くなります。結果的に、単語集は潤滑油のような役割を果たしてくれます。

　中学受験算数でも、教材を潤滑油として使用することで、学習効率や学習効果を大きく改善できることが多々あります。例えば、難関校受験生の多くが「中学への算数」(以下「中数」)を使用しますが、最初から中数に直行する受験生もいれば、中数の前に「プラスワン問題集」「ステップアップ演習」(以下「プラスワン」「ステップアップ」)を仕上げる受験生もいます。

　プラスワン、ステップアップを仕上げるには数ヶ月の期間が必要になりますが、両教材で基盤を作ることにより、中数を進める

時の吸収率とスピードが大きく変わります。プラスワン、ステップアップは、最新の入試傾向には対応していないため、直前期に「最後の仕上げ」として使用するという目的には向いていませんが、中数のための潤滑油としては最適な教材です。

ここでは難関校対策の教材を例に挙げましたが、他にも潤滑油として効果的な教材使用例は多くあります。中学受験に限らず大学受験でも、最終的に難関校に合格する受験生は、直接に得られる成果だけを意識するのでなく、潤滑油的な効果も計算して教材を使用する傾向があります。

現状に行き詰まりを感じている方は、潤滑油としての効果という視点から、教材の使用法等を見直してみるのも良いかもしれません。

8-9：合格者平均点＝満点と考える

受験生の多くは志望校の過去問を秋以降に解き始めますが、最初は思うような点数が取れないものです。

夏休みに頑張った受験生も、いざ過去問を解いてみて自信をなくしてしまいがちですが、その場合におすすめしたいのが「合格者平均点＝満点」とする考え方です。

たとえば算数が100点満点で合格者平均点が70点だとすると、「100点満点」ではなく「70点満点」のテストだと考えます。

そして過去問を解く際は、最初から残りの30点分を無視してしまいます。問題数が20問（1問5点）だとすると、その内14問を正解すれば満点で、残りの6問は捨ててしまいます。

この考え方をすることによって、
（1）適切な時間配分ができる
（2）効率的な志望校対策ができる
（3）モチベーションが上がる
……といった効果があります。

（1）は、試験時間が50分だと、20問すべてを解こうとする

と1問あたり2分30秒となりますが、14問を解こうとすると1問あたり約3分30秒となります。

実際にすべての問題を解こうとすると、難しい問題ほど時間がかかりますので、その時間を節約できれば、この差（1分）以上に時間の余裕が生まれます。

（2）は、過去問演習をしていて、たとえば20点分の問題が解説を読んでも理解できないという場合に、それを無理に理解しようとすると、時間がかかる割に得られるものが少なく、効率が悪くなってしまいます。

しかし「30点分は捨てて良い」という考えがあれば、20点分の問題は「無理に理解しなくていい」と割り切ることができ、必要以上に深追いせず、効率的な志望校対策ができます。

（3）は、たとえば同じ50点でも、「100点満点の50点」だと「これだけしか取れなかった」となりますが、「70点満点の50点」だと「残り5ヶ月頑張れば何とかなる」と考えられるようになり、モチベーションも上がります。

8－10：算数の学習効率を上げる方法（前編）

　私が受験指導において最も重視しているのは、学習効率を上げることです。学習効率の向上については色々な方法論がありますが、私は基本的に極端な方法は避けています。オーソドックスな中で学習効率を上げること、そしてそれを習慣化することを目指しています。効率向上には量・質の改善が必要ですが、今回は前編として量を改善する方法を紹介します。

　量の改善というのは、現在の学習内容（主に塾の課題）について、簡単に言えば「無駄を減らす」ということです。例えば「難関校対策には○○という教材が良い」と分かっていても、現実的には塾の課題を消化することで手一杯になり、他の教材を行う余裕がない（少ない）受験生が大半です。

　そこで、まずは塾の課題の中から「コストパフォーマンス」の悪い部分を削り、余裕を作ることを目指します。目安としては、今まで塾の課題に週5時間かかっていたとすれば、それを3時間〜3時間半に減らします。

　量の改善には「レベルによる絞り込み」と「内容による絞り込み」があります。

レベルによる絞り込みというのは、難易度が実力に合わない(難しすぎる、易しすぎる)課題を削るということです。難しすぎる課題というのは、その問題を解くのに必要となる一段階（またはそれ以上）前の知識・内容が定着していない課題です。簡単に言えば、基礎が理解できていない状態で応用を行うという感じになります。

　そのような課題は、理解するのに時間がかかり、何とか解法を身につけたとしても、多くは表面的な理解に終わっていて、本質の部分が理解できていないため、少し形が変われば対応できなくなります。時間がかかる割に得られるものが少なく、コストパフォーマンスが悪いのですが、多くの受験生はそういう課題に時間をかけてしまっているのが実情です。

　絞り込みの方法は、解けない問題について、解説を読んでも理解できないものを「難しすぎる課題」として、一旦飛ばすというのが良いでしょう。易しすぎる課題というのは、見た瞬間に解法が（反射的に）分かる問題が並んでいるのですが、量が多いために、時間と労力がかかってしまう課題です。そのような「完全にわかりきっている（と思える）」問題については、試しに1、2問解いてみて、大丈夫そうであれば（解けた問題の類題を）飛ばすというのが良いでしょう。

内容による絞り込みというのは、難易度は実力に合っているけれど、内容的に優先順位が低い課題を削るということです。

　課題の優先順位は、その問題のコストパフォーマンス（かかる時間と得られるもの）によって決まります。コストパフォーマンスの良い課題というのは、シンプルですが重要ポイントを含んでいる（得られるものが多い）課題です。逆にコストパフォーマンスの悪い課題というのは、複雑な割に重要ポイントが含まれていない（得られるものが少ない）課題です。

　ただこの判別は専門的で、多くの場合、受験生本人や保護者が行うというのは難しいものです。レベル・内容の両方による絞り込みが出来れば理想的ですが、レベルによる絞り込み（特に難しすぎる課題）を実践するだけでも、十分な成果が得られます。

8 − 11：算数の学習効率を上げる方法（後編）

　前編では「量を改善する方法」を紹介しました。後編では「質を改善する方法」を紹介します。質の改善として取り組みたいのは、バランスをとる、予習をする、結果以上に内容を重視する、の3点です。

（1）バランスをとる

　塾の課題のみの学習は、多くの場合、どうしても偏りが出てしまいます。これは「内容の良し悪し」というよりは、癖のようなものです。

　その偏りを減らす（バランスをとる）のに有効なのは「塾以外の教材」の使用です。例えば、四谷大塚以外の塾生が「予習シリーズ」を使用して先取り学習を進める、難関校志望者が「中学への算数」を使用して応用・発展レベルの問題演習を進めるといった方法があります。

　「塾の課題が多く、他のことに取り組む余裕がない」という受験生も多いと思いますが、前回の「量の改善」が成功していれば、こういった方法も可能になります。また、複数の塾（出版社）の教材を使用することによって、パターンの漏れが減り、より「穴のない学習」が可能になります。

（2）予習をする

　塾によっては、予習を推奨していない（禁止している）ことがあります。予習をすることで（油断して）授業を集中して受けなくなる、復習がおろそかになるという根拠かもしれませんが、現実問題として「復習派」より「予習派」の方が（塾の成績でも入試でも）成功率は高いです。

　いくつか原因はありますが、少なくとも「授業に集中しない」「復習がおろそかになる」というのは迷信で、予習派の方が授業に集中し、復習も（短時間で）しっかり行っています。予習をすることによって、授業が理解しやすくなる→復習にかかる時間が短縮される→時間に余裕ができる→さらに予習ができる、という好循環になります。

　難関校を目指す受験生は、授業ごとの予習にとどまらず（塾のカリキュラムに関係なく）早い時期に受験全範囲の予習を終えておくと、応用・発展レベルの演習にかけられる期間が長くなり、それだけ有利になります。

（3）結果以上に内容を重視する

　テストや課題において、正解・不正解の結果も大切ですが、それ以上に内容が大切です。もちろん入試本番では結果がすべてで

すが、それまでの学習では、結果そのものよりも内容を重視する方が、入試での成功に結びつきやすくなります。

例えば算数の問題が正解した場合、理解した上で正解したのであれば次回以降も（類題が出れば）正解できますが、理解があやしいけれど答えが合っていたというのであれば次回は正解できない可能性があります。また同じ正解でも、1分で解けたのであれば次回も短時間で解けますが、5分かかったのであれば次回も5分かかるかもしれません。単なる結果ではなく、再現性があるかどうかも確認しておく必要があります。

逆に不正解の場合でも、凡ミスによる不正解（理解はできている）なのか、あと一歩での不正解（半分以上は理解できている）なのか、完全な不正解（その問題を解く前提となる内容から理解できていない）なのかによって、その後の対策は違ってきます。

内容によっては判別が専門的で、受験生本人や保護者が行うのは難しいこともありますが、こういう意識を持つだけでもかなり違います。少なくとも結果ばかりを意識している限り、質の高い学習を行うことは難しいでしょう。

8－12：直前期は「広く浅く」を意識する

　直前期に算数で心がけたいのは、「狭く深い」学習を捨てて「広く浅い」学習を徹底することです。

　早い時期、例えば5年生くらいだと「時間は十分にあるけれど、エネルギー（やる気）はあまりない」という受験生が多くいます。そういう状況では「広く浅い」学習よりも「狭く深い」学習の方がモチベーションが上がり、結果的に成果が出やすいということもあります。また、基礎学力が十分にない状態で「広く浅い」学習を行うと、消化不良になりやすいということもあります。

　しかし直前期になると「エネルギーは十分にあるけれど、時間が足りない」「基礎学力は既に十分ある」という状況の受験生が多く、そういう状況では「広く浅い」学習の方が機能しやすく、効率的な方法と言えます。実際、難関校合格者の多くがそのような方法を実践しています。

　広く浅い学習の利点は「量をこなせるので、幅広く保険をかけられる」ということで、どこを攻められてもそれなりに対応できる状態を目指しやすくなります。一方、狭く深い学習は（広く浅い学習に比べて）量がこなせないため、どうしても手薄な部分が多くなりがちです。

8章 ▶▶▶ その他(過去の執筆記事など)

　過去問を実施する際にも、解けない問題をすべて理解することを目指す「狭く深い」学習ではなく、合格者平均点が確保できるまで確認して深追いしない(例えば合格者の平均得点率が75%なら、25%の問題は無理に理解しようとしない)「広く浅い」学習が効率的で、現実的でもあります。

　合格者平均点以上に深追いしない方が良いもう1つの理由は、合格者でも解けないような「捨て問」を理解しようと力を入れることで、問題の難易度を見極める(「取るべき問題」と「捨て問」を区別する)ための感覚が鈍ってしまうことです。合格可能性が五分程度の学校の受験において、この「難易度を見極める力」が鈍ることは致命的です。

　過去問以外の課題(塾の課題、問題集など)を行う際にも、1つ1つの処理(計算など)を無理に最後まで行わず、ある程度「こういう流れで解く」ということが分かれば次の問題に進む方が効率的です。

　このような「流す学習」には賛否があると思います。確かにこの方法は基礎学力が十分にあることが前提で、基礎学力が弱い状態では逆効果になるでしょう。ただ、基礎学力が弱い状態で直前期を迎えている時点で、他の方法を行っても厳しいというのも実情ではないかと思います。

8－13：入試本番での目標設定

志望校に合格できるだけの実力があっても、本番で実力通りの結果を残すことは難しいものです。例えば算数で8割くらい取れる実力がある場合、入試本番では何割を目指すのが良い（実力が発揮しやすくなる）でしょうか。

（1）実力通り8割を目指す
（2）強気に満点を目指す
（3）少し低めに6割を目指す
（4）さらに低めに4割を目指す
（5）目標得点を設定しない

普通に考えれば（1）が妥当です。実際、大部分の受験生はこの目標設定で本番に臨みます。ただ最初の方の設問で（緊張や問題難化の影響で）通常通りに問題が解けなかった場合、パニックに陥ってしまうことがあります。

最も避けるべきなのは（2）です。「満点を目指す」とありますが、例えば6割くらいの実力で8割を目指すというのも同じことです。本来の実力より明らかに高い目標を設定すると、余計なプレッシャーがかかるだけでなく、合理的な時間配分（難しい問題を捨てて取れる問題に時間をかける等）が実践できなくなる傾

向があります。確かに奇跡的に出題内容に恵まれて本番で実力を大きく上回る結果が出ることもあり、そういう体験談は印象に残りやすいのですが、作戦としての成功率は下がります。

　私がお奨めしたいのは（3）です。実際、私が見てきた過去の受験生の間で最も成功率が高いのはこの目標設定です。目標を少し下げて設定することのメリットは、プレッシャーが軽減し、本来の実力が発揮しやすくなることです。合理的な時間配分も実践しやすくなります。また（1）に比べて、想定外のトラブル（問題難化、出題傾向の変化、時間配分の失敗など）にも冷静に対応しやすくなります。

　プレッシャーを減らすという意味では（4）も考えられますが、4割という目標は（合格するためには）低すぎて現実的でなく、受験生も目標として納得するのは難しいでしょう。ただ、極端に緊張する傾向のある受験生には、これくらいの目標設定が合っているということもあります。

　（3）の次にお奨めしたいのは（5）です。実際、受験生によってはこちらの目標を伝えることがあります。この目標を設定する場合に大切なのは、何も考えない（その結果、目標得点を設定しない）のではなく、目指すべき目標得点を知っていながら（あ

えて）目標得点を意識しないということです。

　以上、私のお奨めする順番としては、
　（3）＞（5）＞（1）＞（4）＞（2）
となりますが、実際は置かれている状況やその受験生の性格等によって、最適な目標は変わります。普通に（1）で設定するのが最も適していることもあれば、状況的に（本来の実力通りでは届かないため）明らかに高い目標を設定せざるをえない受験生もいます。

　これから入試本番を迎える方は、上述の内容を参考にして最も適した目標を設定していただけましたら幸いです。

8 − 14：入試問題との相性について

　私は受験校選びについて相談されたとき、実力もそうですが、その学校の問題との相性も重視しています。理由は、受かりやすいかどうかということもありますが、それ以上に入学後のことがあります。

　受かりやすいかどうかについては、偏差値的に同じくらいの学校でも、いざ過去問をやってみると問題との相性によって点が取りやすかったり取りにくかったりします。実際、模試の（偏差値をもとにした）判定で合格可能性80％の学校でも過去問を解いてみると合格点が取れなかったり、逆に20％の学校でも合格点を取れたりします。

　こういうこともあり、受験校の候補が絞られてきたら、とりあえずそれらの学校の過去問を1回分ずつでも良いので解いてみることを私はお勧めしています。

　ただ、合格可能性を確かめるという理由以上に私が重要だと感じるのは、入学後にその学校の指導に適応しやすいかどうかということです。どういうことかというと、入試問題の相性が良い学校は入学後もその学校の指導に適応しやすく、逆に相性が悪い学校は入学後に適応しにくいことが少なくないのです。

実は、私自身もこのことを経験しています。私も小学生の時に中学受験をして、関西の浜学園という塾に通っていました。当初は灘中を目指していたのですが、6年生秋の灘中模試（正式には灘甲陽模試）の判定で、灘中の合格可能性は50％程度で、結局は志望校を甲陽学院に変更しました。

　データ上は甲陽学院だと合格可能性が80％になるということだったのですが、実際に過去問を解いてみると、灘の問題に比べて解きにくく、算数も灘の問題の方が良い点数が取れるという状況でした。

　それでも塾の志望校対策で入試問題に慣れ、何とか合格はできたのですが、入学後、中高の6年間は学校の指導内容との相性が悪く（もちろん自分の努力不足もありますが……）、定期試験ではなかなか平均点さえ取れませんでした。学校で外部の模試を受けると、校内順位が200人中10位くらいになることもありましたが、定期試験では平均で150位前後でした。

　当時は入試問題との相性が入学後の相性に関連しているということは思いもよらなかったのですが、中学受験指導の仕事をするようになって、指導していた生徒の中学受験入学後の状況などを聞いているうちに、入試問題の相性と入学後の適応しやすさがか

なり関係しているのではないかということを強く感じるようになりました。

適応できない場合に問題なのは、学校の先生や周りの同級生から過小評価され、自信をなくしてしまうことです。努力が足りないと言う人もいるかと思いますが、特に上位校になるほど周りの同級生も意識が高く、勉強していますので、その中で相性の悪さというハンディがあると苦しいものです。

私自身は、訓練によって相性の悪さを克服して合格はできましたが、それは入試問題で点が取れるようになったというだけで、根本的な相性は変わっていなかったのだと思います。また、中学受験で指導した生徒を見ても、相性の悪さを克服して合格した生徒ほど入学後に苦労していて、逆に相性の良い学校を選んで進学した生徒ほど入学後に適応しているように感じます。

こういう問題は受験指導者の間でも意見が分かれると思いますが、私は以上のような理由から、できるだけ入試問題との相性のいい学校を受験することをお勧めしています。

8 − 15：偏差値と正答率の対応

　模試の解き直しをする際に、どのレベル（正答率）の問題までを押さえれば良いかで悩む受験生や親御さんは多いものです。実践している人が多いのは、正答率50％以上で不正解の問題を解き直す、または正答率に関わらず不正解の問題を解き直すという方法ではないでしょうか。

　効率的なのは、現状（偏差値）に対応する正答率の問題まで、またはそこから少し低い正答率の問題までを解き直すという方法です。厳密なものではありませんが、私が目安にしている偏差値と正答率の対応（どの正答率までを押さえるか）は、下記の通りです。

　偏差値50………正答率50％以上
　偏差値55………正答率40％以上
　偏差値60………正答率30％以上
　偏差値65………正答率20％以上
　偏差値70………正答率10％以上
　偏差値75………正答率0％以上（すべての問題）

　例えば、直近3回の模試での算数の偏差値が54、59、53であれば、平均偏差値は55（55.3……を四捨五入）ですので、40％

以上または 30％以上で不正解の問題を解き直すことになります。

　ただ、偏差値 55 だから正答率 40％以上の問題が解けて、それ以下の問題が解けないとは限りません。応用問題がそれなりに解けるけれどミスが多いという受験生の場合、偏差値 55 でも正答率 20％前後の問題が結構解けるということもあります。

　逆に、例えば偏差値が 60 前後でも正答率 10％前後の問題がそれなりに解ける場合は、本来の実力的には偏差値 70 を十分に狙えるということになります。

8 - 16：数値を正しく扱う

　親御さんの多くは、受験生の状況を「大雑把な印象」で判断してしまう傾向があります。一方で、数値を正しく扱うことで受験生の状況を慎重に分析する親御さんもおられます。

　「大雑把な印象」で多いのは、苦手分野に関する判断です。例えば、模試で「速さ」の大問を丸々落としたのを見て「速さが全然できない」と慌ててしまうような感じです。

　実際には、解法はすべて正しかったけれど（1）で計算ミスがあり、（2）（3）は（1）の結果を使うため連鎖的に不正解になるという場合があります。つまり課題は「理解不足」ではなく「不用意なミス」の方だということになります。

　さらに正答率が（1）60％、（2）10％、（3）5％だとすれば、（2）（3）の解法を把握していたという意味で、速さは苦手であるどころか、むしろ得意である可能性が高いと言えます。

　これが学校別模試で、受験者数が800名、合格ラインが200位だとすると、上位25％に入っていれば合格という計算になります。そして単純に考えれば、正答率25％以上の（1）を取れればよく、25％未満の（2）（3）は捨てても構わない問題です。

ミスは多くの場合、時間配分の失敗（もう少し時間をかけて、慎重に処理すれば防げた）が原因になっています。時間配分を失敗した原因は、単純に不注意によるものかもしれませんし、他の問題で時間をロスしたことによる「しわ寄せ」かもしれません。

　同じ状況を見て、大半の親御さんが「速さの理解不足」と判断してしまうところを、数値を正しく扱える親御さんは「理解不足ではない→不用意なミス→時間配分の失敗」という流れで、実は時間配分の意識（または技術）に課題があるのではないかという判断に行きつきます。

　「速さが苦手分野だ」と判断した親御さんは、この受験生に「弱点克服のために、速さの基本問題を集中的に解く」という指示を出すかもしれません。一方で「時間配分に課題がある」と判断した親御さんは、受験生に分析内容を伝えた上で、時間配分についての具体的なアドバイスをしたり、そのための対策を普段の学習の中に組み込むかもしれません。どちらが受験生にとって有益であるかは、言うまでもないでしょう。

　「数値を正しく扱う」というと難しく感じるかもしれませんが、そういう発想を持つだけでも、冷静な判断がしやすくなります。これまで印象で判断する傾向のあった方は、このような意識を持ってみると良いかもしれません。

■メールマガジンのご案内■

中学受験算数のメールマガジンを発行しております。

【過去のテーマ（抜粋）】
・非典型題と試行錯誤力
・問題が解けない原因と対処法
・塾教材の完成度と効果的な利用法
・知識のメンテナンスと補強
・塾の課題が合わない場合の対処法
・短期間で実力の底上げをするには
・過去問演習で大切なのは深追いしないこと
・安全なA判定と危険なA判定
・盲点になりがちな典型題
・計算力強化のための教材

無料でお読みいただけますので、興味のある方は下記のサイトからご登録ください。

公式サイト『中学受験の戦略』
http://tkn910.sakura.ne.jp/

■家庭教師のご案内■

首都圏の中学受験生を対象に、算数の家庭教師を行っています。

開成中、筑波大学附属駒場中をはじめとする、最難関校、難関校、上位校の受験対策を中心に、長期的な実力の底上げを図る指導を行っております。

指導を希望される方は、下記サイトに詳細を記載しておりますので、ご確認ください。

公式サイト『中学受験の戦略』
http://tkn910.sakura.ne.jp/

※ 2009～2015年の主な合格実績：開成中（6名）、筑波大学附属駒場中（4名）、渋谷教育学園幕張中（8名）、聖光学院中（4名）、栄光学園中（5名）、灘中、駒場東邦中、麻布中、雙葉中、浅野中、海城中、武蔵中、慶應義塾中等部、浦和明の星中、市川中、東邦大東邦中、芝中、逗子開成中、立教新座中、世田谷学園中、鴎友学園中、函館ラサール中、さいたま市立浦和中、洗足学園中、栄東中、開智中、海陽中、淑徳与野中、高輪中、愛光中、学大世田谷中、鎌倉学園中、攻玉社中、国府台女子中、光塩中、香蘭女学校、田園調布中

■著者紹介■
熊野　孝哉（くまの・たかや）

中学受験算数専門のプロ家庭教師。甲陽学院中学・高校、東京大学卒。
大手塾時代は算数、数学を担当。講師アンケート1位など高い評価を得る。
特に難関校受験に強く、開成・筑駒・栄光・渋幕の4校について高い合格率
（2009～2014年で受験者23名中19名合格、合格率83％）を残している。

主な著書に『中学受験を成功させる算数の戦略的学習法』
『熊野孝哉の「比」を使って文章題を速く簡単に解く方法』
『熊野孝哉の「場合の数」入試で差がつく51題』
『熊野孝哉の「速さと比」入試で差がつく45題』
『熊野孝哉の「図形」入試で差がつく50題』
『熊野孝哉の「文章題」入試で差がつく56題』
『熊野孝哉の詳しいメモで理解する「文章題」基礎固めの75題』
『算数ハイレベル問題集』（エール出版社）などがある。

また、『プレジデントファミリー』（プレジデント社）において、
「中学受験の定番13教材の賢い使い方」（2008年11月号）
「短期間で算数をグンと伸ばす法」（2013年10月号）
「家庭で攻略可能！二大トップ校が求める力」（2010年5月号、
灘中算数を担当）など、中学受験算数に関する記事を多数執筆。

公式サイト『中学受験の戦略』
http://tkn910.sakura.ne.jp/

中学受験
算数の戦略的学習法　難関中学編

2016年5月20日　初版第1刷発行
2019年4月13日　初版第2刷発行

著　者　熊野孝哉
編集人　清水智則　　発行所　エール出版社
〒101-0052　東京都千代田区神田小川町2-12　信愛ビル4F
電話　03(3291)0306　　FAX　03(3291)0310
メール　info@yell-books.com

＊定価はカバーに表示してあります。
乱丁・落丁本はおとりかえします。

© 禁無断転載

ISBN978-4-7539-3348-8

★中学受験算数専門のプロ家庭教師・熊野孝哉の本★

熊野孝哉の「場合の数」入試で差がつく 51 題 + 13 題　増補改訂 4 版

● 中学受験算数専門のプロ家庭教師・熊野孝哉による問題集。「場合の数」の代表的な問題（基本 51 題＋応用 8 題）を厳選し、大好評の「手書きメモ」でわかりやすく解説。短期間で「場合の数」を得点源にしたい受験生におすすめの 1 冊。補充問題 13 問付き!!
本体 1500 円（税別）ISBN978-4-7539-3309-9

熊野孝哉の「図形」入試で差がつく 50 題

● 中学受験算数専門のプロ家庭教師・熊野孝哉による問題集。「図形」の代表的な問題（中堅校向け 20 題＋上位校向け 20 題＋難関校向け 10 題）を厳選し、大好評の「手書きメモ」でわかりやすく解説。短期間で「図形」を得点源にしたい受験生におすすめの 1 冊。
本体 1500 円（税別）ISBN978-4-7539-3285-6

熊野孝哉の「速さと比」入試で差がつく 45 題 + 5 題　改訂 3 版

● 中学受験算数専門のプロ家庭教師・熊野孝哉による問題集。「速さと比」の代表的な問題（基本 25 題＋応用 20 題）を厳選し、大好評の「手書きメモ」でわかりやすく解説。短期間で「速さと比」を得点源にしたい受験生におすすめの 1 冊。補充問題 5 問付き!!
本体 1500 円（税別）ISBN978-4-7539-3406-5

熊野孝哉の「文章題」入試で差がつく 56 題

● 中学受験算数専門のプロ家庭教師・熊野孝哉による問題集。「文章題」の代表的な問題（標準問題 20 題＋応用問題 36 題）を厳選し、大好評の「手書きメモ」でわかりやすく解説。短期間で「文章題」を得点源にしたい受験生におすすめの 1 冊。
本体 1500 円（税別）ISBN978-4-7539-3261-0

熊野孝哉の詳しいメモで理解する「文章題」基礎固めの 75 題　増補改訂版

● 中学受験算数専門のプロ家庭教師・熊野孝哉による問題集。短期間で確実に実力の底上げが達成できる入門レベルの問題を厳選。難関校をめざす 3・4 年生の「先取り学習」にも最適。大好評!!
本体 1500 円（税別）ISBN978-4-7539-3307-5

算数ハイレベル問題集　改訂新版

● 中学受験算数専門のプロ家庭教師・熊野孝哉による問題集。開成・筑駒などの首都圏最難関校に高い合格率を誇る著者が難関校対策の重要問題（応用 60 題）を厳選し、大好評の「手書きメモ」でわかりやすく解説。
本体 1500 円（税別）ISBN978-4-7539-3327-3

★大好評・熊野孝哉の本★

中学受験を成功させる算数の戦略的学習法

● 中学受験算数専門のプロ家庭教師・熊野孝哉による解説書。開成、筑駒などの首都圏最難関校に高い合格率を誇る著者が中学受験を効率的・効果的に進めていくための戦略を合否の最大の鍵となる算数を中心に紹介。巻末には付録として「プレジデントファミリー」掲載記事などを収録。改訂3版出来！

四六版・並製・192頁　本体1500円（税別）ISBN978-4-7539-3443-0

熊野孝哉の「比」を使って文章題を速く簡単に解く方法

● 中学受験算数専門のプロ家庭教師・熊野孝哉による問題集。文章題を方程式に近い「比の解法」で簡単に解く方法を紹介。別解として代表的な解法も「手書きメモ」でわかりやすく解説。短期間で文章題を得点源にしたい受験生におすすめの1冊。**増補改訂版**

四六版・並製・224頁　本体1500円（税別）ISBN978-4-7539-3284-9